Das Weltbudget

Stefan Bringezu

Das Weltbudget

Sichere und faire Ressourcennutzung
als globale Überlebensstrategie

Stefan Bringezu
Universität Kassel
Kassel, Deutschland

ISBN 978-3-658-37773-1   ISBN 978-3-658-37774-8 (eBook)
https://doi.org/10.1007/978-3-658-37774-8

Die Deutsche Nationalbibliothek verzeichnet diese Publikation in der Deutschen Nationalbibliografie; detaillierte bibliografische Daten sind im Internet über http://dnb.d-nb.de abrufbar.

Springer
© Der/die Herausgeber bzw. der/die Autor(en), exklusiv lizenziert an Springer Fachmedien Wiesbaden GmbH, ein Teil von Springer Nature 2022
Das Werk einschließlich aller seiner Teile ist urheberrechtlich geschützt. Jede Verwertung, die nicht ausdrücklich vom Urheberrechtsgesetz zugelassen ist, bedarf der vorherigen Zustimmung des Verlags. Das gilt insbesondere für Vervielfältigungen, Bearbeitungen, Übersetzungen, Mikroverfilmungen und die Einspeicherung und Verarbeitung in elektronischen Systemen.
Die Wiedergabe von allgemein beschreibenden Bezeichnungen, Marken, Unternehmensnamen etc. in diesem Werk bedeutet nicht, dass diese frei durch jedermann benutzt werden dürfen. Die Berechtigung zur Benutzung unterliegt, auch ohne gesonderten Hinweis hierzu, den Regeln des Markenrechts. Die Rechte des jeweiligen Zeicheninhabers sind zu beachten.
Der Verlag, die Autoren und die Herausgeber gehen davon aus, dass die Angaben und Informationen in diesem Werk zum Zeitpunkt der Veröffentlichung vollständig und korrekt sind. Weder der Verlag, noch die Autoren oder die Herausgeber übernehmen, ausdrücklich oder implizit, Gewähr für den Inhalt des Werkes, etwaige Fehler oder Äußerungen. Der Verlag bleibt im Hinblick auf geografische Zuordnungen und Gebietsbezeichnungen in veröffentlichten Karten und Institutionsadressen neutral.

Titelbild: j-mel – stock.adobe.com

Planung/Lektorat: Irene Buttkus
Springer ist ein Imprint der eingetragenen Gesellschaft Springer Fachmedien Wiesbaden GmbH und ist ein Teil von Springer Nature.
Die Anschrift der Gesellschaft ist: Abraham-Lincoln-Str. 46, 65189 Wiesbaden, Germany

Vorwort

Wie wichtig eine gesicherte Versorgung ist, zeigt sich ganz besonders in Zeiten, in denen durch kriegerische Auseinandersetzungen oder den Klimawandel weltweit Ernten ausfallen und Rohstoffe knapp werden. Dabei ist unser Globus eigentlich reichhaltig ausgestattet. Doch die Ressourcennutzung ist mit immer mehr Nebenwirkungen verbunden, die allmählich zu einer nicht mehr rückholbaren Veränderung unserer Lebenswelten führen. Dadurch braut sich eine neue Gefahr zusammen, die das Zusammenleben auf diesem Globus tiefgreifend verändern kann. Der zunehmende Ressourcenverbrauch unterminiert unsere Lebensgrundlagen. Die Welt wird dadurch unsicherer. Der Ressourcenverbrauch ist nicht nur insgesamt nicht nachhaltig, er ist auch ungleich verteilt, wodurch die Übernutzung noch verstärkt wird. Die Kluft zwischen den Wohlhabenden und den Habenichtsen wächst nicht nur bezogen auf das Einkommen, sondern auch dadurch, dass die einen ihren Lebenswandel auf Kosten der Lebensumwelt der anderen genießen. Das kann auf Dauer nicht gut gehen.

Dieses Buch zeigt einen Weg, wie es ein gutes Ende nehmen kann. Noch ist es möglich, die physische Basis von Wirtschaft und Gesellschaft zu konsolidieren. Das erfordert eine systemische Betrachtung und eine Umstrukturierung und Begrenzung des gesamten Stoffwechsels zwischen Mensch und Natur. Für einen sicheren und fairen Umgang mit natürlichen Ressourcen muss eine weltweite Obergrenze des Verbrauchs eingehalten werden und die Verteilung gerecht erfolgen. Das Buch bringt Belege dafür, dass das Glücklichsein nicht mit immer mehr Ressourcenverbrauch steigt. Vielmehr ist eine Begrenzung des weltweiten Ressourcenverbrauchs nötig, um ein Überleben und gutes Leben für alle auf dem Planeten zu sichern. Dazu braucht man Ziele, die hinreichend wissenschaftlich abgesichert, richtungssicher und auf verschiedenen Handlungsebenen umsetzbar sind. Und es gibt zielführende Strategien, die dem universellen Bedürfnis des Menschen nach Sicherheit und Unabhängigkeit von einschränkenden Faktoren entgegenkommen und einen zukunftsfähigen Ressourcenverbrauch ermöglichen. Technologische und institutionelle Innovationen werden bei der Umsetzung dieser Strategien helfen.

Ein Weltbudget der globalen Ressourcennutzung kann als wichtige Referenz für das Management auf der internationalen, nationalen bis zur lokalen Ebene dienen. Die Nachhaltigkeitsziele der Vereinten Nationen – die Sustainable Development Goals (SDGs) – sind ein Meilenstein der zukunftsfähigen Entwicklung menschlicher Gesellschaften, doch fehlen ihnen noch konkrete Orientierungswerte, um unser Überleben weltweit auf eine sichere und faire Basis zu stellen. Der Ressourcenverbrauch muss und kann abgekoppelt werden von der sozialen und kulturellen Entwicklung der Menschen, vom individuellen Wohlsein und der Gesundung der Gesellschaften als Ganze. Eine systemische Perspektive erlaubt es, wirksame Hebel dort anzusetzen, wo der Ressourcenverbrauch wesentlich bestimmt wird: bei Art und Umfang von Produktion und Konsum und der Gestaltung der Infrastrukturen.

Klimaschutz ist wichtig, kann aber nur erreicht werden, wenn er mit Ressourcenschutz verbunden wird, um das Überleben auf dem Planeten zu sichern. Bestehende Ziele zur Begrenzung des Klimawandels müssen ergänzt werden durch Ziele zur nachhaltigen Gestaltung der gesamten Ressourcenbasis von Wirtschaft und Gesellschaft. Diese können ähnlich zur Budgetierung von Treibhausgasemissionen durchgeführt, auf Staaten, Branchen, Firmen, pro Person etc. bezogen werden. Das Buch zeigt, wie die physische Basis von Wirtschaft und Gesellschaft insgesamt zukunftsfähig gestaltet werden kann. Als Zielorientierung und Referenz werden konkrete Obergrenzen für die Nutzung globaler Ressourcen vorgeschlagen.

Kassel, Deutschland Stefan Bringezu
April 2022

Danksagung

Zunächst möchte ich meinem Team der Forschungsgruppe *Sustainable Resource Futures* und den Kolleginnen und Kollegen am *Center for Environmental Research* der Universität Kassel danken. Ohne ihren unermüdlichen Einsatz und die fruchtbare Zusammenarbeit wären wichtige Ergebnisse nicht zustande gekommen, die dieses Buch bereichert haben.

Mein Dank gilt auch den Kolleginnen und Kollegen vom International Resource Panel. Die Diskussionen dort und bei Treffen der Earth Commission haben mir wiederholt vor Augen geführt, wie wichtig es ist, eine gangbare Brücke zwischen Wissenschaft und Praxis zu schlagen und Signale aufzustellen, die in eine aussichtsreiche Zukunft führen.

Danken möchte ich Martin Distelkamp von der GWS für den Austausch zum aktuellen Stand der Erhebungen zum Indikator Raw Material Input, der zu einigem Nachfragebedarf bei der amtlichen Statistik geführt hat.

Stefan Giljum von der Wirtschaftsuniversität Wien danke ich für die Überlassung der Daten zu Abb. 1.4 und Rettet den Regenwald e. V. für die Einräumung der Nutzungsrechte für das Foto in Abb. 1.1.

Danken möchte ich nicht zuletzt den Lektorinnen des Springer Gabler Verlags, Irene Buttkus und Katharina Harsdorf, für ihre Vorschläge und Hinweise, die das Manuskript eindeutig verbessert haben.

Inhaltsverzeichnis

1 **Wie es hinter den Kulissen aussieht** 1
 1.1 Überleben und gutes Leben sind in Gefahr 1
 1.2 Trügerische Sicherheit auf Kosten anderer 6
 1.3 Verstehen von Ursache und Wirkung – die Systemperspektive 21
 1.4 Auf großem Fuß zu leben macht nicht glücklicher 23

2 **Wie eine zukunftsfähige Ressourcennutzung aussehen könnte** 29
 2.1 Gesunder Stoffwechsel der Weltwirtschaft 29
 2.2 Ressourceneffiziente und kreislauforientierte Industrie 33
 2.3 Balancierte Bioökonomie und Bionikomie 37
 2.4 Solarisierte Infrastrukturen 48
 2.5 Bestandsgleichgewicht und nachhaltiges Bauen 51

3 **Wie wir in eine sichere und faire Zukunft steuern** 57
 3.1 Steuerung im Mehrebenensystem 58
 3.2 Die Entwicklung der Umweltpolitik 60
 3.3 Nachhaltigkeitspolitik im globalen Maßstab 69

4	**Das Weltbudget natürlicher Ressourcennutzung**	**79**
4.1	Die biotischen Ressourcen	80
4.2	Die abiotischen Ressourcen	84
4.3	Was heißt das für Deutschland und die EU?	93
4.4	Woran können sich Unternehmen orientieren?	96
5	**Was zu tun ist**	**101**
5.1	Institutionen für Monitoring und Controlling entwickeln	101
5.2	Diskurse führen, lernen und Missverständnisse ausräumen	108

1

Wie es hinter den Kulissen aussieht

Zusammenfassung Dieses Kapitel setzt wichtige Probleme der globalen Landwirtschaft und des Bergbaus in Verbindung mit den Konsumaktivitäten in Ländern wie Deutschland. Die wachsende Nachfrage nach Rohstoffen führt in vielen Ursprungsregionen zu Umweltzerstörung, sozialen Konflikten bis hin zu Vertreibung und kriegerischen Auseinandersetzungen. Eine umfassende Systemperspektive lässt die treibenden Faktoren in Produktion und Konsum erkennen und die Analyse zeigt, dass ein steigender Ressourcenverbrauch die Menschen nicht unbedingt glücklicher macht.

1.1 Überleben und gutes Leben sind in Gefahr

Der Mensch bringt die Natur aus ihren Gleichgewichten. Es gäbe viele Zahlen zu berichten, die das wissenschaftlich belegen. Manch einer lässt sich durch große Zahlen beeindrucken und doch können wir mit Zahlen nur etwas anfangen, wenn sie uns eine Geschichte erzählen. Wenigstens eine kurze.

Unser gutes Leben ist in Gefahr, langsam aber sicher unterminiert zu werden. Dabei stecken wir in einem Dilemma. Denn einerseits treffen die Auswirkungen Einzelne willkürlich, zu nicht genau bestimmbaren Zeiten und auf vielfach nicht vorhersagbare Weise. Andererseits wird diese Entwicklung zugleich verursacht durch das Zusammenwirken des Handelns Einzelner in Wirtschaft und Gesellschaft und die weltweiten Folgen sind durchaus absehbar.

Da sind zum einen die Wetterextreme des Klimawandels. Sie werden häufiger. Tornados und sintflutartige Regengüsse schlagen häufiger zu, nicht wirklich vorhersehbar, und eine Abwehr der Zerstörungen von Gebäuden und Infrastrukturen ist meist nicht möglich. Flutbecken müssen erweitert, Staudämme verstärkt werden, manche küstennahe Bebauung wird aufgegeben werden. Die Anpassung an den Klimawandel wird teuer. Und sie wird umso teurer, je länger es dauert, unser Wirtschaften klimaneutral zu gestalten.

Es wird schwieriger, unsere Ernährung sicherzustellen, ohne anderen etwas wegzuessen oder in anderen Regionen die Wasserknappheit zu verschärfen. Während Deutschland im eigenen Land Millionen Hektar Ackerland für Bioenergie nutzt, mehr Nahrungsmittel importiert als exportiert und sich ganzjährig mit frischem Gemüse versorgen lässt, das in wasserarmen Regionen bewässert wird, muss die wachsende Bevölkerung in Asien und Afrika mit weniger auskommen.

Die Energiewende wird ohne den massiven Ausbau der erneuerbaren Energien nicht gelingen. Doch um Windräder und FV-Module, Batterien und Elektromotoren herzustellen, werden jede Menge natürlich nicht erneuerbare Rohstoffe wie Stahl, Kupfer und Lithium gebraucht. Auch die Digitalisierung verlangt nach Metallen für Chips, Leiterplatten und Serveranlagen. Allein in Handys stecken fast so viele Metalle, wie im Periodensystem der chemischen Elemente enthalten sind, über 50. Unter anderem Gold. Die Gewinnung und Aufbereitung dieser Rohstoffe belasten die Umwelt – meist in anderen Regionen.

Während wir in mancher Hinsicht auf einer Insel der Seligen leben, tragen wir ungewollt und – solange Sie dieses Büchlein noch nicht gelesen haben – unwissentlich zur Verschlechterung der Lebensbedingungen im „Rest der Welt" bei.

Unsere Politik hat dazu beigetragen, diese Problemverlagerung und das Wirtschaften auf Kosten anderer zu verstärken. Durchaus mit besten Absichten hatte man in den 2000er-Jahren verpflichtende Quoten zur Verwendung von Biokraftstoffen eingeführt. Mittlerweile weiß jeder Autofahrer, was unter E10 zu verstehen ist, wobei freilich eher weniger bekannt ist, woher das Ethanol kommt, das zehnprozentig dem Benzin beigemischt wird. Das meiste wird importiert. Die Hauptproduzenten weltweit sind Brasilien, dort wird Zucker aus Zuckerrohr vergoren, und die USA, dort wird Maisstärke für die Alkoholproduktion verwendet. Die Anbauflächen reichen in vielen Regionen jeweils bis zum Horizont. Eine Pflanzenart wächst dort, wo sich vorher artenreiche Grasländer und Savannen erstreckten.

Während bei E10 der „Bio"-Zusatz schon mit dem Namen ausgewiesen wird und auch eine konventionelle Variante angeboten wird, bleibt den Kunden beim Biodiesel keine Wahl. Die meisten lesen wohl auch kaum das Kleingedruckte an der Zapfsäule, z. B. „kann 8 % Biodiesel enthalten". Biodiesel wird aus ölhaltigen Pflanzen gewonnen. In Deutschland wird Rapsöl dazu verarbeitet, das von den im Frühjahr bekannt gelb strahlenden Feldern stammt. Ein erheblicher Teil wird auch importiert. Die größte Anbauregion ist Südostasien. In Indonesien wurden elf Millionen Hektar Ölpalmplantagen angelegt.[1] Artenreiche Primärwälder mussten weichen, um Platz für diese Monokulturen zu machen (Abb. 1.1).

Während hierzulande strikte Naturschutzvorgaben weitere Artenverluste verhindern sollen, hat die Energiepolitik dazu geführt, dass in wesentlich artenreicheren Regionen weite Naturflächen in Agrarland umgewandelt wurden. Bei genauerer Betrachtung wird zudem deutlich, dass durch die Flächentransformation mehr Treibhausgase durch die Biokraftstoffe der ersten Generation freigesetzt wurden als durch den Einsatz von erdölbasiertem Benzin und Diesel.[2] Denn die ursprüngliche Vegeta-

---

[1] Merten, J., Röll, A., Tarigan, S., Hölscher, D., Hein, J. (2017): Ölpalmenanbau in Indonesien verändert Wasserkreisläufe: Mehr Dürren und Überflutungen. Deutsches Institut für Entwicklungspolitik. Analysen und Stellungnahmen 1/2017.
[2] Valin, H., Peters, D., van den Berg, M., Frank, S., Havlik, P., Forsell, N., Hamelinck, C. (2015): The land use change impact of biofuels consumed in the EU. Report of project BIENL13120. Ecofys Netherlands, IIASA, E4tech, EU Ref. Ares(2015)4173087 – 08/10/2015.

Abb. 1.1 Agrarflächen verdrängen häufig artenreiche Tropenwälder. (Foto: Mathias Rittgerott/Rettet den Regenwald)

tion wurde meist verbrannt, der Boden drainiert und gepflügt, wodurch auch der dort gespeicherte Kohlenstoff mobilisiert wurde und als Kohlendioxid in die Atmosphäre entwich.

Wasserstoff gilt als aussichtsreicher Baustein für die Energiewende. Das energiereiche Gas kann komprimiert transportiert und gelagert werden und eignet sich daher als chemischer Energiespeicher. Erneuerbarer Strom kann beispielsweise gespeichert werden, indem er zur Spaltung von Wasser („Elektrolyse") in Wasserstoff (H_2) und Sauerstoff (O_2) eingesetzt wird. Dieser Prozess braucht sehr viel Strom. Da die Kapazitäten für regenerativen Strom in Deutschland begrenzt sind, dürfte Wasserstoff künftig in erheblichem Maße importiert werden. Die Bundesregierung lässt hierzu die Potenziale in Afrika abschätzen.[3] Wie das Bundesforschungsministerium feststellt, ist „die Verfügbarkeit von Frischwasser für die Elektrolyse ein wichtiges Kriterium. Der Potenzialatlas Wasserstoff

---

[3] BMBF (2021): Potenzialatlas „grüner Wasserstoff"; https://www.bmbf.de/bmbf/de/home/_documents/potenzialatlas-wasserstoff-afr-ergieversorger-der-welt-werden.html [Zugriff 16.10.2021].

hat gezeigt, dass zwar in vielen Regionen Westafrikas genügend Wasser für die Produktion von grünem Wasserstoff zur Verfügung stünde, allerdings zumeist dort, wo verhältnismäßig schlechte Bedingungen für die Erzeugung von regenerativem Strom herrschen".[4] Mit anderen Worten, dort wo Wind- und Solarstrom erzeugt werden, gibt es wenig Süßwasser. Man rechnet deswegen damit, dass Meerwasser entsalzt werden muss.

Es gab schon mal einen Plan, Europa mit Solarstrom aus Nordafrika zu versorgen. Doch stellt sich die Frage, ob diese Länder den regenerativen Strom nicht selbst benötigen. Warum sollte dieser in die EU exportiert werden – wozu auch noch zusätzliche Leitungen benötigt werden –, wenn der Bedarf vor Ort noch hauptsächlich mit fossilen Energien gedeckt wird? Tatsächlich hat man versucht, durch entsprechende Verträge mit den Investoren – das Geld kam ja aus der EU – abzusichern, dass ein Mindestanteil des Stroms im Erzeugerland genutzt werden kann. Das Problem mit dem Wasser hatte man verdrängt. Solarthermische Kraftwerke brauchen Wasser zur Kühlung und für die Reinigung der Parabolspiegel. Tatsächlich benötigt das Kraftwerk im marokkanischen Ouarzazate jährlich 1,8 Mio. m^3 Frischwasser für die Produktion von 370 Mio. kWh.[5] Und das in einer wasserarmen Region. Es gab bereits bei der Planung des Kraftwerks Bedenken wegen der Landwirtschaft vor Ort, die dann gefährdet werden könnte. Das Kraftwerk wurde dennoch gebaut. Welche Konsequenzen das für die Nahrungsmittelproduktion hatte, bleibt im Dunkeln. Immerhin plant man bei der Installation von weiteren Kraftwerksblöcken neue Technologien einzusetzen, die weniger Wasser benötigen.

Aber selbst wenn neue Anlagen errichtet werden, die weniger Wasser für den Betrieb benötigen, kann die Konkurrenz um Wasser zwischen Energie- und Nahrungsmittelversorgung nicht völlig aufgelöst werden, was in einer wasserknappen Region eine Herausforderung darstellt. Klar kann Meerwasser entsalzt werden und das geschieht weltweit in schnell zunehmendem Maße, aber dazu werden mehr Anlagen benötigt, die ihrerseits Energie und Rohstoffe benötigen, Rohstoffe, die wiederum aus anderen Regionen kommen.

---

[4] Ebenda, FAQ.
[5] Terrapon-Pfaff, J. et al. (2021): Concentrated Solar Power Plant – Noor-I, Draa-Valley, Morocco. In: Flörke, M. et al. (Eds.), Water Resources as important factors in the Energy Transition at local and global scale, pp. 82–96.

Es werden also immer mehr „Rohstoffe aus anderen Regionen" entnommen, von jedem Land auf der Welt. Jede dieser Regionen ist auf diesem Planeten angesiedelt. Es stellt sich die Frage, wie viele Rohstoffe der Erdkruste insgesamt entnommen, mit Energie und Wasser aufbereitet, für die verschiedenen Zwecke genutzt und am Ende als Abfall deponiert werden können, ohne die Überlebensgrundlagen für Menschen und andere Lebewesen und die Grundlagen stabiler Gesellschaften zu gefährden.

Zudem müssen wir uns der Frage stellen, wie eine faire Verteilung des Rohstoffverbrauchs und der damit verbundenen Umweltbelastung zwischen den verschiedenen Ländern künftig aussehen soll. Die geologischen Vorkommen, die Wälder und agrarisch nutzbaren Flächen sind durch natürliche Gegebenheiten ungleich zwischen den Ländern verteilt. Insofern wird der Handel diese Ungleichheiten auch künftig ausgleichen müssen. Spielraum besteht dagegen auf der Konsumseite, denn der Konsum bestimmt letztlich die Menge an Rohstoffen und den Umfang der Stoffströme, die dafür in Bewegung gesetzt werden. Wie Produktion und Konsum in ihren physischen Grundlagen konsolidiert und weltweit fair ausbalanciert werden können, davon handelt dieses Büchlein.

Zunächst wollen wir einen Blick auf die Gefahren werfen, die sich jenseits unserer Grenzen zusammenbrauen und die wir selbst kräftig mit schüren.

1.2 Trügerische Sicherheit auf Kosten anderer

Wir möchten geborgen sein, sicher vor Gefahren und versorgt mit allem, was wir brauchen. Und wir möchten frei sein, unabhängig von Einschränkungen, Bevormundung wie Begrenzungen unserer Freizügigkeit. Einen Großteil unserer täglichen Beschäftigungen verbringen wir damit, unser Überleben und unser gutes Leben abzusichern. Unser Einkommen erlaubt den Einkauf von Lebensmitteln und eine Wohnung, die wir uns leisten können. Die innere Sicherheit ist im Großen und Ganzen gewährleistet, ein paar Amokläufer und hin und wieder durchgeknallte Islamisten oder Reichsbürger kriegt man noch in den Griff. COVID hat uns das

Leben etwas schwer gemacht, aber heutzutage gibt es Impfungen. Die durchschnittliche Lebenserwartung war noch nie so hoch. Die Qualität unseres Trinkwassers ist so hoch, dass wir aus dem Hahn trinken können, und die Luftqualität in den Städten hat sich beständig verbessert. Das bisschen Feinstaubbelastung kriegen wir auch noch vermindert. Eigentlich alles in Butter oder etwa nicht?

Wir können uns als Einzelne noch so sehr abrackern, wenn die äußeren Umstände dazu führen, dass uns das Erreichte unter den Fingern zerrinnt. Frühere Wirtschaftskrisen wurden häufig von einer galoppierenden Inflation ausgelöst. Der Wert des Geldes und damit des eigenen Einkommens schrumpfte immer mehr, löste sich schließlich ganz auf. Es wurden Gesetze und Institutionen geschaffen, die die Geldwertstabilität gewährleisten sollen. In der EU ist die europäische Zentralbank dafür zuständig, mit ihrer Geldpolitik dafür zu sorgen, dass die Inflation nicht über Hand nimmt. Bis ins Jahr 2020 hat das auch noch einigermaßen geklappt. Durch die Überschuldung der Staaten und das gleichzeitige Interesse, die Wirtschaft in stagnierenden Phasen nicht durch höhere Zinsen und eine verknappte Geldmenge abzuwürgen, steckt die EZB in einem Dilemma. Aber immerhin gibt es das politische Ziel der Geldwertstabilität und eine Institution, die darüber wachen soll.

Welche Institution sichert unsere Versorgung mit Lebensmitteln ab? Das Landwirtschaftsministerium berichtet über die jährlichen Erträge der Landwirtschaft. Die EU subventioniert die landwirtschaftliche Produktion. Ansonsten soll es der Markt richten. Der ist zunehmend global ausgerichtet. Die nationale und europäische Politik sind im Hinblick auf die Nahrungsmittelversorgung im Wesentlichen auf die Sicherung agrarischer Strukturen im Inland und die Wettbewerbsfähigkeit der eigenen Landwirtschaft im internationalen Kontext ausgerichtet. In den letzten Jahren wird verstärkt versucht, die Agrarproduktion auch mit Erfordernissen des Naturschutzes zu kombinieren (Ackerrandstreifen etc.). Aber soziale Auswirkungen der eigenen Exportwirtschaft auf andere Länder (z. B. der Zusammenbruch der eigenen Geflügelproduktion in westafrikanischen Ländern durch den Import billiger, weil subventionierter Gefrierhühnchen aus der EU) werden als Kollateralwirkungen in Kauf genommen. Auch die ökologischen Folgen unseres Konsums agrarischer Güter, Kaffee und Kakao ebenso wie Biodiesel aus Palmöl oder Biosprit aus Zuckerrohr, in den Ursprungsländern werden erst in Ansätzen durch ausgewählte zertifizierte Produkte aus Ökolandbau ins Blickfeld der Öffentlichkeit gerückt.

Was ist aber mit den Risiken, die langfristig aus all den Versorgungsketten in den verschiedenen Ländern resultieren? Welche Institution kümmert sich um die möglichen Folgen der Ausweitung globalen Agrarlandes auf Kosten natürlicher Ökosysteme? Die wachsende Weltbevölkerung kann es sich in den ärmeren Ländern immer mehr leisten, ihr Defizit an eiweißhaltiger Nahrung zu decken und Fleisch zu konsumieren. Magere Hühnchen werden zum Sonntagsbraten, Eier zum begehrten Tauschmittel. Das Futter ist zumeist Getreide. Um das anzubauen, braucht es Ackerflächen. Die Nachfrage nach Getreide steigt weltweit schneller als die Erträge, deren Zuwächse langsam abnehmen. Wenn die laufenden Trends andauern, wird die weltweite Ackerfläche sich um mehr als ein Fünftel von 2010 bis 2060 ausdehnen, von 1,54 auf 1,86 Milliarden Hektar.[6] Die Ackerfläche verdrängt Grasländer, Savannen und Wälder.

Diese Ausdehnung findet hauptsächlich in tropischen Regionen statt. Dort kann das ganze Jahr über produziert werden, wegen der hohen Temperaturen wachsen die Pflanzen vergleichsweise schnell. Es sind wenige Hauptfruchtarten, deren Anbaufläche in den letzten Jahrzehnten erheblich zugelegt hat, Ölpalmen, Soja, Mais und Zuckerrohr.

Palmöl wird zu zwei Dritteln für Lebensmittel eingesetzt, zu einem Viertel dient es als Ausgangsmaterial für Wasch- und Reinigungsmittel und Kosmetika und zu circa fünf Prozent für Biokraftstoffe.[7] Ölpalmplantagen weisen mit 3,3 Tonnen Öl pro Hektar den höchsten Ertrag aller Ölfrüchte auf. Beim deutschen Raps können circa 0,7 Tonnen pro Hektar gewonnen werden. Bezogen auf die Flächenökonomie würde es also Sinn machen, eher Palmöl als Rapsöl zu nutzen, doch würde dabei vergessen, dass pro Hektar tropischen Urwalds hundertfach mehr Arten ihren Lebensraum verlieren als bei einem Hektar Wald in Deutschland (wobei der Wald in Deutschland durch das Gesetz geschützt ist). Bis

---

[6] IRP (2019): Global Resources Outlook 2019: Natural Resources for the Future We Want. A Report of the International Resource Panel. United Nations Environment Programme. Nairobi, Kenya.
[7] WWF Deutschland (Hrsg.) (2016): Auf der Ölspur – Berechnungen zu einer palmölfreieren Welt. Berlin.

2016 waren mindestens 17 Millionen Hektar Ölpalmplantagen weltweit angelegt worden. Zum Vergleich: Die Fläche von Deutschland umfasst 36 Millionen Hektar.

Soja wird weltweit auf einer Fläche von ca. 120 Millionen Hektar angebaut.[8] Die größten Anbauflächen liegen in Brasilien, den USA und Argentinien, die 80 % der weltweit produzierten Menge von 334 Millionen Tonnen ernten.[9] Aus der Bohne wird zum einen das Sojaöl gewonnen (20 %), das für Lebensmittel, Biodiesel, für Kosmetika und medizinische Präparate als Grundstoff dient. Zum anderen wird das bei der Gewinnung des Öls verbleibende Extraktionsschrot (80 %) als Futtermittel eingesetzt. Es ist sehr proteinreich und mittlerweile wesentlicher Bestandteil im Kraftfutter von Schweinen, Rindern, Geflügel und Fischen. Nur 2–5 % der Sojabohne wird vom Menschen direkt verzehrt. Es sind Milch, Fleisch und Eier, die in wesentlich größerem Umfang auf Soja und seine Anbauflächen zurückgehen als Tofu, Sojamilch und Sojasoße.

Mais wird wegen seines Stärkegehalts geschätzt. Er belegt weltweit mit 194 Millionen Hektar[10] noch größere Flächen als Soja. Die Körnermaisproduktion erreichte 2019 weltweit 1,1 Milliarden Tonnen, von denen über 60 % in den USA, China und Brasilien angebaut wurden. In Deutschland waren es 3,7 Millionen Tonnen. Über 60 % des global erzeugten Maises werden verfüttert, 17 % dienen der Herstellung von Bioethanol als Benzinersatz. Nur 13 % des angebauten Maises werden direkt verzehrt, als Tortilla, Popcorn oder Maissalat. Daneben gibt es noch ein paar technische Anwendungen. In Deutschland wird der größte Teil des angebauten Maises (62 %) in Silos aufbereitet und verfüttert, 38 % wandern in die Betonkuh, das heißt, sie werden in Biogasanlagen verwertet.

Eine weitere kohlenhydratreiche Pflanze ist das Zuckerrohr. Mengenmäßig liefert es weltweit ein Fünftel aller Ackerfrüchte.[11] In Brasilien wird mit Abstand die größte Menge produziert, dafür werden dort 10

---

[8] FAOSTAT: Production Statistics 2019. Zur räumlichen Verteilung siehe Grassini, P. et al. (2021): Soybean. Crop Physiology Case Histories for Major Crops; https://www.sciencedirect.com/science/article/pii/B9780128191941000086 [Zugang 19. Okt. 2021].
[9] FAO (2019), Faostat Produktionsstatistik: Crops > Soybeans. fao.org [Zugang 19. Okt. 2021].
[10] FAO, Faostat Produktionsstatistik: „Crops > Maize" [Zugang 19. Okt. 2021].
[11] 1,9 Milliarden Tonnen in 2018; FAO (2020): World Food and Agriculture – Statistical Yearbook 2020. Rome.

Millionen Hektar genutzt, was über ein Drittel der weltweit mit Zuckerrohr belegten Fläche von 26 Millionen Hektar ausmacht.[12] An zweiter und dritter Stelle der Erzeugerländer folgen Indien und China. Das Mark des Zuckerrohrs enthält 10–20 % Zucker. Die Stängel werden ausgepresst, um den Saft zu gewinnen. Gekühlt wird er in den heißen Anbauregionen in Erfrischungsgetränken serviert. Vor allem wird der Zuckerrohrsaft zu kristallinem Zucker raffiniert. Ein weiterer Anteil wird zu Bioethanol vergoren und dient als Benzinersatz. Die ausgepressten Stängel, die Bagasse, werden meist verbrannt und liefern Energie für die Verarbeitung des Saftes, Überschüsse werden als Strom ins brasilianische Netz eingespeist.

Insgesamt nutzt die Landwirtschaft fünf Milliarden Hektar weltweit, das ist ein Drittel der gesamten Landflächen (in Deutschland wird die Hälfte des Landes dafür genutzt). Davon werden zwei Drittel als Weideland und ein Drittel als Ackerland bewirtschaftet. Die Agrarfläche dehnt sich aus. Nicht nur weil die Weltbevölkerung wächst, sondern auch weil die Nachfrage nach Non-Food-Produkten für Bioenergie und Biomaterialien steigt. Ohne Gegensteuern wird damit gerechnet, dass sich die weltweite Agrarfläche bis 2060 um ein Fünftel ausdehnen wird.[13] Damit verdrängen die Ackerflächen immer mehr natürliche Lebensräume und transformieren artenreiche Ökosysteme in grüne Wüsten. Wälder dürften 10 % ihrer Fläche verlieren, Savannen und andere artenreiche Lebensräume 20 %.

Nun kann man einwenden, dass die bewirtschafteten Flächen ja immerhin noch grün sind. Es gibt auch Flächen, auf denen nach dem Eingriff des Menschen lange Zeit kein Halm mehr wächst. Der Bergbau. Für fossile und mineralische Rohstoffe werden weltweit Löcher in die Erdkruste gebuddelt. Die Flächenausdehnung des Bergbaus ist deutlich geringer als die der Landwirtschaft, aber die Transformation der Landschaften ist im wörtlichen Sinne viel tiefgreifender. Und es müssen nicht nur Pflanzen und Tiere ihr Leben lassen, auch Menschen werden ver-

---

[12] 2018 belegte Brasilien 37,6 % der weltweiten Anbaufläche von Zuckerrohr. https://www.atlasbig.com/en-us/countries-sugarcane-production [Zugang 20. Okt. 2021].

[13] IRP (2019): Global Resources Outlook 2019: Natural Resources for the Future We Want. A Report of the International Resource Panel. United Nations Environment Programme. Nairobi, Kenya.

trieben, teilweise mit brutalen Mitteln, immer wieder wurden Indigene, die sich einer Umsiedelung für Bergbauprojekte widersetzten, umgebracht.

Es geht nicht nur um die „Blutdiamanten", die illegal geschürft und von Rebellengruppen verkauft werden, um an Waffen zu gelangen, mit denen die Bevölkerung in weiten Landstrichen terrorisiert wird. Die Diamantenindustrie hatte im sogenannten Kimberley-Prozess versucht, dem Diamantenschmuggel einen Riegel vorzulegen, und die EU hat ein Zertifizierungsverfahren aufgelegt, um diesen Prozess zu unterstützen.[14] Doch ist dies letztlich ein freiwilliges Verfahren und wo große Vermögen sich in kleinen Taschen verstecken lassen, lässt sich Kriminalität schwer eindämmen.

Es geht auch nicht nur um Zinn- und Tantalerze („Coltan"), die im Kleinbergbau im Kongo gewonnen werden, wo die Kontrolle über die Minen für die rivalisierenden Gruppen mit über deren Erfolg entscheidet. Die Konfliktminerale werden häufig im Kleinbergbau gewonnen und sind in Verbindung mit machtlosen Regierungen, Korruption und großer Armut der ländlichen Bevölkerung der Treibstoff, mit dem regionale Gewaltexzesse geschürt werden.

Es geht darum, dass selbst parlamentarisch legitimierte Regierungen von Schwellenländern den Kommerz vor eine sozialökologisch nachhaltige Entwicklung stellen. Auch die Hegemonie der herrschenden Schicht, die häufig von früheren Einwanderern abstammt, wird ausgelebt durch die fortgesetzte und verstärkte Unterdrückung der alteingesessenen Bevölkerung, die als zurückgeblieben und primitiv verschrien wird und unter dem Vorwand des Fortschritts aus ihren Lebenswelten, die sie intakt gehalten, um die sie sich gekümmert haben, vertrieben werden. Die brasilianische Regierung hat eine Gesetzesvorlage eingebracht, die die Indigenen im Amazonasgebiet bedroht, anstatt sie zu schützen. Geht der Vorschlag durch, dann wären diese Menschen weiterer Gewalt ausgesetzt, hätten ein größeres Risiko, vergiftet zu werden (z. B. durch Quecksilber bei der Goldgewinnung) oder an ansteckenden Krankheiten zu sterben. Der brasilianischen Bergbaubehörde liegen Anträge zu Abgrabungen auf 176.000 km² indigenem

---

[14] Verordnung (EG) Nr. 2368/2002 des Rates vom 20.12.2002 zur Umsetzung des Zertifikationssystems des Kimberley-Prozesses für den internationalen Handel mit Rohdiamanten.

Land vor. Das ist das 3000-Fache der Fläche illegalen Bergbaus.[15] In vielen Ländern Südamerikas sieht es ähnlich aus. Wenn im Regenwald von Peru[16] Silber, Zink, Blei, Kupfer und Gold gewonnen werden, blinken den Regierenden die Dollarzeichen in den Augen. Lizenzen für den Bergbau werden vergeben, ohne darauf zu achten, dass damit der Lebensraum von Indigenen der Zerstörung preisgegeben wird. Oft helfen staatliche Stellen, die Polizei, bei ihrer Vertreibung. Auch über ausgewiesene Naturschutzgebiete sieht man großzügig hinweg.

Und warum das alles? Weil sich mit den gewonnenen Metallen viel Geld verdienen lässt. Und wer legt letztlich die Dollars und Euros auf den Tisch? Es sind die Käufer der Elektro- und Elektronikgeräte, der Waschmaschinen und Haartrockner, der Pkws und Rasenmäher, der Gebäude mit ihren Kabeln und Rohrleitungen, die mit ihrer Nachfrage den taifunartigen Sog erzeugen, um Menschen, Tiere und Pflanzen anderswo zu entwurzeln.

Es geht übrigens nicht nur um Metalle. Immer noch wird jede Menge Kohle eingesetzt. Richtige Kohle. Und deren Problem ist nicht nur der Klimawandel. Bereits bei ihrer „Gewinnung" gibt es einige Verlierer. Der größte Produzent von Kohle ist China, mit fast der Hälfe der Weltproduktion (46 % in 2019).[17] Chinesische Kohlegruben sind die tödlichsten der Welt. 2008 starben 3200 Bergleute, 2009 waren es 2600 und das Niveau blieb auch 2010 so hoch.[18] Dabei dürften die tatsächlichen Zahlen noch darüber liegen, da über verschiedene Vorfälle der offizielle Mantel des Schweigens gelegt wird. Jene tödlichen Unfälle ereignen sich meist im Tiefbergbau, durch Schlagwetter, Wassereinbrüche und Felsstürze. Weltweit wird Steinkohle vorwiegend im Tagebau gewonnen, wodurch weite Landschaften umgegraben werden. Dafür werden sicher nicht nur Pflanzen und Tiere beseitigt, sondern auch Menschen vertrieben.

---

[15] Rorato, A. et al. (2020): Brazilian amazon indigenous peoples threatened by mining bill. Environ. Res. Lett. 15 (2020) 1040a3.

[16] Kampagne Bergwerk Peru (Hrsg.) (2019): Bergbau auf Kosten indigener Völker. Rohstoffausbeutung im peruanischen Regenwald. Factsheet 04/2019.

[17] IEA (2020): Coal 2020. Report extract supply. https://www.iea.org/reports/coal-2020/supply [Zugang 21.10.2019].

[18] Global Energy Monitor Wiki: China coal mine accidents. https://www.gem.wiki/China_coal_mine_accidents [Zugang 21.10.2021].

1 Wie es hinter den Kulissen aussieht

Den Deutschen kann man immerhin nicht vorwerfen, sie hätten nicht auch ihre eigene Bevölkerung drangsaliert, um an Rohstoffe wie billige Kohle zu kommen. Das Ganze natürlich unter der politischen Prämisse, die Energieversorgung mit eigenen Rohstoffen zu sichern. Weite Landschaften wurden umgegraben, um Braunkohle zu fördern (Abb. 1.2). Seit den 1960er-Jahren bis ins aktuelle Jahrhundert wurden hierzulande jedes Jahr 1000 bis 1200 Menschen[19] umgesiedelt, um an den Rohstoff zu ge-

Abb. 1.2 Tagebau zum Abbau von Braunkohle im rheinischen Revier bei einer Demonstration von Abbaugegnern (so sehen auch viele Tagebaue zur Erzgewinnung aus, auch wenn dort nicht demonstriert wird). (Quelle: Ende Gelände 2017 (Ende Gelände 2017 CHB 23 (cropped). This work is licensed under the Creative Commons Attribution-ShareAlike 2.0 Generic License. To view a copy of this license, visit http://creativecommons.org/licenses/by-sa/2.0/ or send a letter to Creative Commons, PO Box 1866, Mountain View, CA 94042, USA. https://commons.wikimedia.org/wiki/File:Ende_Gel%C3%A4nde_2017_CHB_23_(26439720559).jpg [Zugang 07.04.2022]))

---

[19] Bringezu, S., Schütz, H. (2014): Indikatoren und Ziele zur Steigerung der Ressourcenproduktivität. PolRess Arbeitspapier AS 1.4. Wuppertal Institut; http://refubium.fu-berlin.de [Zugang 21.10.2021].

langen, der unter ihren Dörfern lag, in West- und in Ostdeutschland. Jedes Jahr verloren Menschen ihre angestammte Heimat, wurden teilweise großzügig entschädigt, wenn sie sich weigerten zu gehen, schlicht enteignet. Die Mehrheit vertreibt demokratisch legitimiert die Minderheit.

Interessanterweise waren es die jungen Leute von außerhalb, die klimaschutzbewegt Großdemonstrationen zum Stopp der Braunkohleförderung veranstalteten. Heute wäre es in Deutschland politisch nicht mehr durchsetzbar, weitere Dörfer planvoll der Abrissbirne zu überlassen. Die Betreiber der bestehenden Tagebaue pochen zwar auf ihre rechtlich zugesicherte Abbaggerung. Aber eine wirklich sinnhafte Legitimierung besteht spätestens seit dem Beschluss zum Kohleausstieg nicht mehr. Selbst wenn in Folge der Ukrainekrise kurzfristig mehr Braunkohle verstromt wird, ist das Aus absehbar.

Die Förderung von Steinkohle war in Deutschland schon früher aufgegeben worden. Die Schächte hatten im Ruhrgebiet mittlerweile eine Tiefe von einem Kilometer erreicht, man buddelte bereits unter dem Rhein. Die Kosten konnten mit der internationalen Konkurrenz nicht mithalten. Man stieg auf Importkohle um. Nun braucht man Kohle nicht nur für Kraftwerke, sondern auch für die Stahlproduktion. Dazu muss wenigstens ein Teil noch zu Koks aufbereitet werden. Doch auch die eigene Kokerei hatte man an Chinesen verkauft, die die Anlage demontiert und bei sich zu Hause wieder zusammengebaut hatten.

Um die Versorgungssicherheit bräuchten wir uns also keine Sorgen zu machen. Die Erdkruste enthält jede Menge Kohle. Jetzt kommt sie eben aus dem Ausland. Dort wird Steinkohle oft im Tagebau abgegraben. 2019 wurden weltweit knapp 6 Milliarden Tonnen abgebaut.[20] Ob auf den Bergbauflächen und ihrem Umfeld vorher Menschen gelebt haben, wissen wir nicht oder wollen es nicht wissen. Je nach Region zumindest einige Pflanzen und Tiere. Wenn sie nicht weglaufen konnten, haben sie eben Pech gehabt.

In Deutschland jedenfalls haben wir das Thema Steinkohlenbergbau abgeschlossen, denken viele. Doch jene, die im Ruhrgebiet leben, wissen es besser. Jedes Jahr tun sich an unvermuteten Stellen Löcher auf, Gebäude bekommen Risse, Wasserleitungen werden unterbrochen. Die Ursache sind Bergsenkungen über den ehemaligen Schächten. Unter-

---

[20] IEA: Coal information. Overview Production. https://www.iea.org/reports/coal-information-overview/production [Zugang 07.09.2021].

irdisch ist das Ruhrgebiet ein Schweizer Käse. Mit der Zeit geben manche der stehen gebliebenen Wände nach, Material rutscht von oben nach. Auch werden die aufgegebenen Gruben immer noch entwässert. Tag und Nacht laufen Pumpen, um das Grundwasser nicht höher als bis zu einem Drittel der Abbautiefe ansteigen zu lassen. Man sorgt sich um die Qualität des Trinkwassers, das in den oberen Regionen des Untergrunds gewonnen wird. Transformatoren, die man während des Betriebs zur Stromversorgung brauchte und deren Abbau sich nicht lohnte, enthalten giftiges PCB. Die Grubenwässer sind zudem sauer, wodurch sich Schwermetalle aus dem Gestein lösen. Und es gibt einen weiteren Grund für das Trockenhalten. Ohne die Pumpen würde eine Fläche von über 50.000 ha zum See werden, da sich das Gelände infolge des Bergbaus flächendeckend abgesenkt hat. Nur blöd, dass dort mittlerweile ein paar Millionen Menschen leben. Läge das Ruhrgebiet irgendwo in den weiten Wäldern Kanadas, würde kein Hahn danach krähen. Es wäre längst ein verwunschener See, mit vermutlich wenig Leben drin.

Tatsächlich werden in Kanada weite Flächen Naturraum in Mondlandschaften umgewandelt. Es wird dort Schiefergas gewonnen, auch im Tagebau. Das Gas wird wie herkömmliches Erdgas über Pipelines bis in die USA transportiert. Dort wird an Tausenden anderen Stellen zudem auch Fracking betrieben, mit dem der Untergrund mit Chemikalien versaubeutelt wird. Auch dieses Gas möchten die Amerikaner gerne über Tankschiffe in verflüssigter Form nach Europa verkaufen. Und da Deutschland und Europa infolge des Ukrainekriegs möglichst kein russisches Erdgas mehr beziehen wollen, dürfte diese Option verstärkt ausgebaut werden.

Bei all den politischen Geplänkeln und machtpolitisch-kriegerischen Auseinandersetzungen spielen langfristige Fragen einer zukunftssicheren Energieversorgung bislang kaum eine Rolle. Es ist klar, dass weder Kohle noch Erdgas längerfristig eine Chance haben, zur Energieversorgung beizutragen. Die Kanadier, die US-Amerikaner und die Russen werden merken, dass sie aufs falsche Pferd gesetzt haben. Strukturell haben sie ihren Volkswirtschaften einen Bärendienst erwiesen, weil gut ausgebildete talentierte Ingenieure von Dinosaurierbranchen abgezogen wurden und so bei der Entwicklung innovativer Technologien fehlten. Die Niederländer haben diese nach ihren fehlgeschlagenen Politiken in den 1960er-Jahren benannte „Dutch Disease" bereits hinter sich, die ihre Wirtschaft infolge des Booms der Nutzung der Erdgasfelder in der Nordsee, durch den andere Branchen an Wettbewerbsfähigkeit verloren hatten, insgesamt unsicherer gemacht hatte.

Doch es geht nicht nur um Klimawandel und industriepolitische Erwägungen. Mit all den Abgrabungs- und Abholzungsprojekten weltweit ist eine wachsende Zahl von lokalen Brennpunkten verbunden. Konflikte wegen Übernutzung der Natur und Missachtung der Lebensbedingungen lokaler Bevölkerungsgruppen nehmen zu. Auch setzen sich immer mehr Menschen juristisch zur Wehr und verteidigen ihre Rechte und eine lebenswerte Umwelt. Der Environmental Justice Atlas[21] (Scheidel et al. 2020) listete 2021 über 3500 Konflikte weltweit auf. Ein Fünftel ging jeweils auf das Konto von Bergbau einerseits und Biomasse und Landnutzung andererseits. Dahinter steckt ein grundsätzliches Dilemma: Belastet, vergrault und vertrieben wird die lokale Bevölkerung, während sich anderswo Manager und korrupte Politiker die Taschen füllen. Das Ganze angetrieben von einer wachsenden Nachfrage nach bergbaulichen und agrarischen Produkten, vorwiegend in den reichen Konsumländern, wo die Menschen gar nicht bemerken, was sie mit dem Kauf ihres batteriegetriebenen Autos oder ihrem Steak aus der Billigtheke anrichten.

Nicht nur wir, die wir in einem wohlhabenden Land leben, alle auf diesem Globus möchten sicher und gut leben. Und solange andere in unsicheren prekären Verhältnissen leben, werden auch wir nicht sicher leben können. Das gilt auch für die Versorgung mit sauberem Trinkwasser, bezahlbarer sauberer Energie etc. Wenn miserable Bedingungen das Überleben in bestimmten Regionen nicht nur schwierig, sondern infolge unfähiger, korrupter oder fehlender Regierungen und militanter Banden praktisch unmöglich machen, werden die Menschen ihren letzten Ausweg in der Flucht suchen.

Das Weltnaturerbe wird verschleudert, der Profit geht in die Taschen der reichen Eliten der Exportländer, die lokale Bevölkerung kriegt allenfalls ein paar Brosamen ab. Zurück bleiben Hunderttausende Quadratkilometer an grüner Wüste in Form von Monokulturen, die im Falle von

---

[21] Environmental Justice Atlas: https://ejatlas.org/ [Zugang 25.10.2021]; siehe auch Scheidel et al. (2020): Environmental conflicts and defenders: A global overview. Global Env. Change 63: 102104.

Soja auch noch mit Glyphosat vollgepumpt werden. Letztlich geben die mächtigen Wirtschaftsakteure in den Ländern den Ton an. Sie verfolgen ihre Interessen, ohne die großräumigen und langfristigen Folgen wirklich zu kennen. Aus ihrer Sicht repräsentieren sie den Fortschritt ihrer Länder. Die NGOs, die soziale und ökologische Missstände anprangern, werden mundtot gemacht. Selbst staatlich eingesetzte Kontrolleure, die illegale Holzfällungen im Amazonasgebiet unterbinden sollen, stehen einer Überzahl von kriminell agierenden Banden gegenüber. Warum sind diese so zahlreich, warum lohnt es sich für viele Arme, kriminell zu werden?

Dafür gibt es zwei wesentliche Gründe. Erstens sind die Möglichkeiten, Beschäftigung zu finden, in armen Regionen meist sehr begrenzt. Das hat wiederum verschiedene Ursachen, mangelnde Bildung, unzureichende Infrastrukturen, zu wenige industrielle Firmen, die Rohstoffe vor Ort verarbeiten, und ein rudimentärer Dienstleistungssektor. Auch einigermaßen gut ausgebildete Menschen finden dort keinen Job. *Wenn sich die Bedingungen in ärmeren Ländern nicht verbessern, werden die Wanderungsströme in die reicheren Länder zunehmen.* Das wird wiederum deren soziale Sicherungssysteme strapazieren.

Zweitens: Die Profite sind schlicht immens. Und sie sind nur deshalb so hoch, weil eine entsprechende Nachfrage nach den Rohstoffen wie Palmöl, Zuckerrohr, Soja, nach Holz, Kupfer, Aluminium, Lithium, Tantal, Wolfram, Platin und Palladium usw. besteht. Diese *Nachfrage kommt aus den reichen Ländern.* Aus der EU und Ländern wie Deutschland.

Die reicheren Länder hängen am Tropf der Rohstoffimporte wie Junkies an ihrer Spritze. Und sie können es sich leisten, für ihren Nachschub zu zahlen.

Die Nachfrage von Nichtnahrungsmitteln vom Acker wird weiter gesteigert in den Ländern Europas selbst. In Deutschland werden 1,6 Millionen Hektar für Bioenergiepflanzen belegt, das meiste mit Mais, das entspricht 14 % der gesamten Landwirtschaftsfläche.[22] Die Fläche steht für Nahrungs- und Futtermittelproduktion hierzulande nicht mehr zur Verfügung und muss dafür im Ausland belegt werden. Das Erneuerbare-Energien-Gesetz garantierte den Landwirten Einspeisetarife für den

---

[22] FNR (2021): Basisdaten Bioenergie Deutschland 2021. Fachagentur Nachwachsende Rohstoffe: Gülzow-Prüzen.

Strom aus dem Biogas. Ganz bewusst wurde ihr zweites Standbein als Energiewirte aufgebaut. Dabei hatte man nicht bedacht, dass Deutschland bezogen auf die genutzte Agrarfläche bereits Nettoimporteur war.

Die Nachfrage aus den reichen und reicher werdenden Ländern der Welt wird die globale Agrarfläche weiterwachsen lassen. Die Gesamtfläche der Kontinente bleibt gleich, der Anteil der Fläche, auf der ausreichend Niederschlag fällt, um Anbau zu betreiben, nimmt infolge des Klimawandels eher noch ab. Also werden weiter Grasländer, Savannen und Wälder weichen müssen. Wenn die Nachfragemuster sich nicht ändern.

Man versucht, durch Produktzertifizierung an diese Probleme heranzugehen. Letztlich ein Tropfen auf den heißen Stein. Und leider auch häufig Augenwischerei. Denn insgesamt steigt die Nachfrage nach Rohstoffen, Anbaufläche, Wasser etc. im Zuge der weiteren Angleichung der Produktions- und Konsummuster in den verschiedenen Weltregionen. Und die zertifizierten Produkte machen nur einen Bruchteil des Marktes aus.

Die wachsende Nachfrage nach agrarischen und bergbaulichen Rohstoffen durch die reicheren Länder verschärft in verschiedenen Regionen die *Wasserknappheit*. Deutschland bezieht verschiedene Früchte, Orangen, Weintrauben und auch Kartoffeln aus dem Nahen Osten. Diese Kulturen werden dort mithilfe von Bewässerung kultiviert. Doch Wasser ist in dieser Region vielfach knapp und diese Knappheit spielt in den *gewaltsam ausgetragenen Konflikten* eine wichtige Rolle.[23] Israel hält die Golanhöhen besetzt, weil dort die Quellen des Jordan liegen. Der See des Toten Meeres schwindet seit Jahren, weil mehr Wasser von den Anrainern verbraucht wird als nachfließt.[24] Immer mehr Wasser wird durch energieaufwendige Meerwasserentsalzung aufbereitet. In den besetzten Gebieten kommt es immer wieder zu Sperrungen der Wasserversorgung. Dennoch exportiert das Land wasserreiche Früchte. Die Versorgungslage in Syrien ist nicht nur wegen des Bürgerkriegs schwierig geworden, ein Anbau wurde auch vorher schon durch Wassermangel in vielen Teilen des Landes erschwert und die Verfügbarkeit von Wasser wurde offenbar vom

---

[23] Salameh, M.T.B., Alraggad, M. & Harahsheh, S.T. (2021) The water crisis and the conflict in the Middle East. Sustain. Water Resour. Manag. 7, 69.
[24] Hammer, J. (2005): The Dying of the Dead Sea. Smithsonian Magazine, https://www.smithsonianmag.com/science-nature/the-dying-of-the-dead-sea-70079351/ [Zugang 25.10.2021].

herrschenden Regime auch gezielt als Druckmittel eingesetzt.[25] Für Selbstversorger wurde ein Überleben in der Heimatregion unmöglich. Diese Entwicklung dürfte durch den Klimawandel mit verschärft worden sein.

Das Kinderhilfswerk der Vereinten Nationen, UNICEF, beklagte im August 2021, dass die gesamte Region des Nahen Ostens und Nordafrikas eine der trockensten weltweit geworden ist. Nahezu neun von zehn Kindern wachsen unter Bedingungen von hoher oder extrem hoher Wasserknappheit heran, was schwerwiegende Folgen für ihre Gesundheit, die Ernährung, ihre kognitive Entwicklung und damit ihre künftigen Lebenschancen mit sich bringt.[26]

In anderen Regionen wird Wasser für die Gewinnung und Aufbereitung mineralischer Rohstoffe benötigt, Wasser, das im Zuge der Raffination von Erzen häufig verschmutzt wird. Chile verfügt über die größten Lagerstätten von Kupfererzen und ist der weltweit größte Produzent dieses wichtigen Werkstoffs. Die dort tätigen Bergbauunternehmen nehmen nicht unbedingt Rücksicht auf die lokale Bevölkerung, deren Trinkwasser schon mal durch Aufbereitungsrückstände kontaminiert wird oder die schadstoffhaltige Abwässer direkt in Flüsse einleiten, auch historisch bedeutsame Stätten kulturellen Erbes werden hin und wieder weggebaggert.[27] Die rüden Praktiken der Konzerne lassen Umweltschützer schnell auf die Barrikaden gehen, wenn sie in reichen Ländern wie den USA neue Minen in unberührter Natur erschließen wollen.[28] Doch auch in ärmeren Ländern, deren Regierungen händeringend nach Einnahmen aus möglichen Exportgeschäften suchen, regt sich Widerstand, wenn die Gewinnung mineralischer Rohstoffe die Wasserverfügbarkeit zu gefährden droht. Im Dreiländereck von Brasilien, Peru und Bolivien am Rande der Atacama-Wüste erstrecken sich ausgedehnte Salzseen, die

---

[25] Northrup, S. (2017): The Growing Power of Water in Syria. https://www.washingtoninstitute.org/policy-analysis/growing-power-water-syria [Zugang 25.10.2021].

[26] UNICEF (2021): "Running Dry": unprecedented scale and impact of water scarcity in the Middle East and North Africa. https://www.unicef.org/press-releases/running-dry-unprecedented-scale-and-impact-water-scarcity-middle-east-and-north [Zugang 25.10.2021].

[27] Safe the Boundary Waters (2018): Antofagasta: The chilean mining giant rushing to ruin the Boundary Waters. https://www.savetheboundarywaters.org/updates/antofagasta-chilean-mining-giant-rushing-ruin-boundary-waters [Zugang 26.10.2021].

[28] Ebenda.

große Mengen an Lithium enthalten. Ein Metall, das für Batterien nicht zuletzt im Zuge der Energiewende immer mehr nachgefragt wird. Bei dessen Aufbereitung gehen erhebliche Mengen des raren Wassers verloren, sodass noch weniger für Landwirtschaft und Natur übrig bleibt.[29]

Welche Institutionen sorgen dafür, dass sich Produktion und Konsum weltweit in einem sozial und ökologisch verträglichen Rahmen halten? Es gibt keine. Momentan ist man erst mal dabei, die Zusammenhänge besser zu verstehen und die Trends zu beobachten. Zunächst in den Ländern, die ausreichend Forschungskapazitäten haben und die ihre Statistiken über die nationalen Grenzen hinaus erweitern, um die Folgen des Handelns ihrer Bevölkerung weltweit zu verfolgen. So baut Deutschland beispielsweise ein Monitoring für seine Bioökonomie auf, das auch über die ökologischen und sozialen Fußabdrücke weltweit berichten soll.

Auf UN-Ebene gibt es verschiedene Konventionen, zum Klimaschutz und zum Schutz der Biodiversität. Aber die Ziele von Paris lassen sich nur erreichen, wenn wir weniger Materialien verbrauchen, deren Herstellung viel Energie verschlingt, und einen Schutz der Biodiversität werden wir nur erreichen, wenn weniger Agrarrohstoffe nachgefragt werden. Das *International Resource Panel* beobachtet diese Entwicklungen und zeigt die Zusammenhänge auf. Aber eine konkrete Definition, was unter nachhaltiger Ressourcennutzung weltweit zu verstehen ist, wie viel an nachwachsenden und nicht nachwachsenden Ressourcen, an Fläche, an Wasser verbraucht werden darf, ohne unsere Überlebensbasis zu ruinieren, steht bislang aus.

Das Zuschauen und Berichten gibt noch keine Antwort auf die Frage, welches Niveau an Rohstoff-, Flächen- und Wassernutzung nicht überschritten werden sollte, um die Versorgung auf Dauer zu sichern. Von den Maßnahmen ganz zu schweigen, die nötig und möglich wären, um Überschreitungen in den Griff zu bekommen.

Werfen wir nun einen Blick auf die Grundlagen unseres Überlebens als Einzelne und als Gesellschaft und wie sie gesichert werden können. Es geht um mehr als Lebensmittel- und Energieversorgung. Es geht darum,

---

[29] Schomberg, A. et al. (2021): Extended life cycle assessment reveals the spatially-explicit water scarcity footprint of a lithium-ion battery storage. Communications Earth & Environment (2021) 2, 11.

dass wir Teile eines großen Organismus sind, der wie jeder Einzelne täglich Stoffe aufnimmt und Stoffe ausscheidet. Dieser Stoffwechsel mit der Umwelt ist unsere Lebensgrundlage und bestimmt gleichzeitig, ob unser Verhältnis zur Natur im Gleichgewicht oder aus den Fugen geraten ist. Denn auch dieser Stoffwechsel kann krankhafte Symptome zeigen. Und wie es aussieht, ist er aktuell gar nicht gesund.

1.3 Verstehen von Ursache und Wirkung – die Systemperspektive

Die verschiedenen Umweltprobleme werden häufig isoliert betrachtet. Doch haben viele eine gemeinsame Ursache. Wenn Gegenmaßnahmen an diesen Ursachen ansetzen, können mehrere Probleme zugleich vermindert werden.

Hierfür ist es hilfreich, unsere Wirtschaft wie eine Badewanne zu betrachten. Es gibt einen laufenden Zustrom in Form von Rohstoffen, der wird *Input* genannt. Das sind die energetischen und nichtenergetischen Mineralien aus dem Bergbau und der Steine- und Erdengewinnung und das ist die Biomasse, die in Land- und Forstwirtschaft und Fischerei geerntet wird. Aus der Badewanne heraus fließen die Abfälle, die auf Deponien landen und die Emissionen in Gewässer und in die Luft, einschließlich der Klimagasemissionen. Auch gehen einige Materialien bei ihrer Verwendung verloren, Reifenabrieb oder Lösungsmittel. Insgesamt ist das der sogenannte *Output*. Der Durchsatz dieser Ströme wird durch den Einlauf bestimmt. Wie viel reingeht, kommt auch wieder raus. Wird der Stöpsel nicht gezogen und der Einlauf bleibt offen, läuft die Wanne über. Unsere Wirtschaft gleicht daher eher einer Badewanne ohne Stöpsel mit permanentem Durchfluss. Der Input bestimmt den Output.

Mit den Stoffströmen sind auf der Input- und auf der Outputseite verschiedene Wirkungen auf die Umwelt verbunden (Abb. 1.3). Bergbau und Landwirtschaft verändern weltweit Landschaften, beeinflussen den Wasserhaushalt der Regionen. Rodungen führen zu Veränderungen von Ökosystemen und zum Verlust von Arten. Böden werden übernutzt, es kommt zur Erosion, teilweise werden die Flächen dadurch so geschädigt,

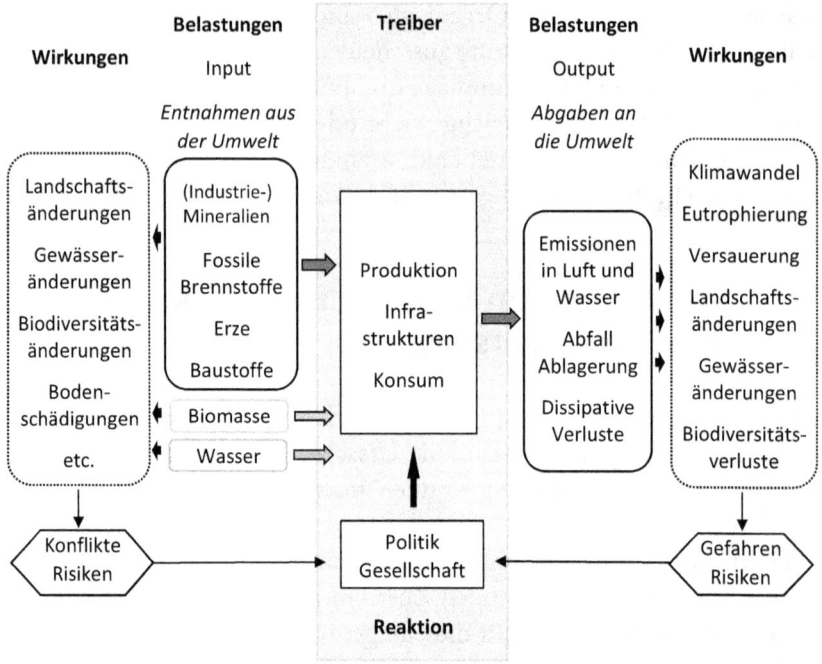

Abb. 1.3 Die Stoffströme für Produktion, Konsum und Infrastrukturen führen zu Konflikten und Risiken. Gegensteuern kann nur wirksam sein, wenn an diesen Treibern angesetzt wird (nach Bringezu, S. (2015): Possible Target Corridor for Sustainable Use of Global Material Resources. Resources 2015, 4, 25–54)

dass keine Landwirtschaft mehr möglich ist. Diese Veränderungen finden hauptsächlich in den Rohstoffexportländern und vorwiegend in tropischen Regionen statt. Die Rohstoffströme fließen jedoch in das Produktions- und Konsumsystem von Ländern wie Deutschland oder anderen EU-Staaten. Es ist die Nachfrage nach diesen Rohstoffen in der Industrie und die Nachfrage nach den Fertigprodukten, die diese für den privaten und staatlichen Konsum erzeugen, die diese Ströme auslöst und in Bewegung hält. Die Aktivitäten in Produktion und Konsum sind also *die treibenden Faktoren*, sind jene gemeinsame Ursache für die Belastung der natürlichen Umwelt weltweit. Nur wenn es gelingt, diesen Durchsatz an Material zu vermindern, kann die Größenordnung der damit verbundenen Umweltwirkungen wirksam vermindert werden.

Die Wirkungen sind aktuell wachsende Risiken, wie sie oben bereits beschrieben wurden. Mit den zunehmenden agrarischen Rohstoffströmen sind Flächenumwandlungen verbunden, die zu einem Verlust an Biodiversität führen. In der Wissenschaft wird vermutet, dass damit auch die Stabilität von Ökosystemen gegenüber schockartigen Einflüssen – wie Extremwetterereignissen – abnimmt, dass das Risiko, dass bestimmte Ökosysteme völlig zusammenbrechen könnten, steigt, mit unabsehbaren Folgen für ganze Kontinente. Die Eingriffe in die natürliche Umwelt sind nicht nur mit Verlusten von Arten verbunden. Nicht nur Orang-Utans werden aus den Regenwäldern Südostasiens durch die Ausweitung der Ölpalmplantagen vertrieben, sondern auch indigene Völker verlieren ihren Lebensraum und ihre Ernährungsgrundlage. Manche Indigenen wehren sich, beschreiten den Rechtsweg und versuchen Unterstützung durch die Mobilisierung von NGOs auch in den reichen Ländern zu erhalten, um so politischen Druck auf die eigene Regierung auszuüben, die sie ansonsten lieber vergessen möchte. Doch die Konzerne werden weiter Bulldozer schicken, denn die Konsumentinnen und Konsumenten in den reichen Ländern zahlen für ihren Nachschub.

1.4 Auf großem Fuß zu leben macht nicht glücklicher

Wir haben gesehen, dass die Stoffströme, die unsere Wirtschaft versorgen, die Kettenglieder zwischen Umweltverbrauch auf der einen Seite und unserem Konsum auf der anderen Seite sind. Diese Stoffströme lassen sich zurückverfolgen bis zur Gewinnung der Rohstoffe im Bergbau und bis zur Ernte in Land- und Forstwirtschaft, im eigenen Land und in anderen Regionen der Welt. Dieser „Materialfußabdruck" lässt sich für ganze Länder bestimmen. Er spiegelt den Ressourcenaufwand wider, der mit der Herstellung und dem Konsum all der Güter verbunden ist, die in einem Land insgesamt gekauft werden. Die Materialfußabdrücke aller Länder bestimmen die globale Ressourcenextraktion.

Weltweit steigt die Entnahme von Rohstoffen. Sie lag 1970 bei 27 Milliarden Tonnen, stieg bis 2017 auf 92 Milliarden Tonnen und wenn an den bisherigen Trends nicht gerüttelt wird, dürfte sie im Jahr 2060 bei 190 Milliarden Tonnen liegen.[30] Würde man die jährliche aktuelle Extraktionsmenge von circa 100 Milliarden Tonnen in einen Güterzug verfrachten, so wäre dieser 16,5 Mio. km lang. Das wäre ein Zug, der sich über 400-mal um die Erde winden würde. Und das jedes Jahr. Würde man auch das aufladen, was beim Bergbau und in der Land- und Forstwirtschaft extrahiert bzw. abgeschnitten, aber nicht weiter verwertet wird und für Infrastrukturen weggebaggert wird, dann müsste der mehr als die doppelte Menge transportieren. Er enthielte nicht nur Kupfererz und Bauxit, Stein- und Braunkohle, Kalisalze und Phosphat, Weizen und Mais, Nadel- und Laubschnittholz und ein paar Fische und Meeresfrüchte. Zudem hätte er den Abraum bei der Erz-, Kohle- und Mineralstoffgewinnung geladen, die Reststoffe der agrarischen und forstlichen Ernte und den Beifang der Fischerei. Auch der Aushub für Rohrleitungen und Straßendämme käme dazu. An verschiedenen Stellen der Welt werden dafür Löcher in die Erdkruste getrieben, Abraumhalden und Dämme aufgeschüttet, Landschaften groß- und kleinflächig umgewandelt, werden Pflanzen- und Tiergemeinschaften vernichtet.

Es gibt keine Tonne natürlichen Materials, dessen Extraktion die lokale Umwelt nicht verändern würde. Selbst das Abbaggern von Sand vor den Meeresküsten führt zu einem Verlust von Strandflächen, da das Meer sich das Material zurückholt, oder die Sandgewinnung aus trockenen Flussbetten im Umfeld großer Städte des Südens hat verstärkte Überschwemmungen zur Folge, da die Erosion der Flussbetten in der Regenzeit deutlich erhöht wird.[31]

Nun werden diese Stoffströme zur Versorgung der Wirtschaft nicht zum Selbstzweck in Bewegung gesetzt. Sie bilden die materielle Basis für unseren Wohlstand. Nirgendwo wird dieser materielle Wohlstand deutlicher als in den Einkaufszentren der Städte und in den schicken Villenvierteln der Vorstädte. Das Eigentum an der eigenen Wohnung und der Konsum mancher Waren wie Kleidung macht – so scheint es – weltweit

---

[30] IRP (2019): Global Resources Outlook 2019: Natural Resources for the Future We Want. A Report of the International Resource Panel. United Nations Environment Programme. Nairobi, Kenya.
[31] Padmalal, D., Maya, K. (2014): Sand Mining. Environmental Impacts and Selected Case Studies. Springer: Dordrecht.

die Menschen glücklich. Das ergibt sich, wenn einfache lineare Zusammenhänge untersucht werden.[32] Schaut man jedoch genauer hin, ergibt sich ein differenzierteres Bild, zudem ein Bild, das eher hoffnungsgeladen ist. Denn würde das Glück der Menschen nur durch wachsenden materiellen Konsum gesteigert werden können, hätten wir global gesehen in riesiges Dilemma: Höheres individuelles Glück könnte nur auf Kosten einer zunehmenden Umweltzerstörung erreicht werden – was letztlich auf längere Sicht auch ein Widerspruch wäre, da Menschen sich in einer zerstörten Umwelt auch nicht wohlfühlen.

Aber es gibt insofern auch Hoffnung, da die Zufriedenheit und der Entwicklungsstand in den verschiedenen Ländern ab einem bestimmten Niveau des Rohstoffverbrauchs nicht mehr steigen (Abb. 1.4). Zwar gibt es eine große Schwankungsbreite, doch oberhalb von ca. 15 t/Person Rohstofffußabdruck des gesamten Konsums werden die Menschen im Schnitt nicht glücklicher und ihr Entwicklungsstand in Form von Lebenserwartung, Bildung und Einkommen nimmt nicht weiter zu. Die Schlussfolgerung liegt auf der Hand: Ein größerer Materialfußabdruck ist pro Person selbst auf der Basis der aktuell verfügbaren Technologien nicht nötig, um die Menschheit bei ihrem universellen Streben nach Glück, Zufriedenheit und Selbstbestimmung voranzubringen.

Unterhalb einer Schwelle von 5 t/Person besteht jedoch ein deutlicher Zusammenhang. Wenn es am Nötigsten fehlt, müssen zunächst die grundlegenden Bedürfnisse erfüllt werden. Menschen, die hungern, können kaum zufrieden sein. Schulische Bildung braucht nicht nur Lehrer, sondern auch Schulen und die Kinder müssen in der Lage sein, dorthin zu gelangen. Infrastrukturen müssen vorhanden sein und auch instand gehalten werden. Auch als Basis für Gewerbetreibende, um Einkommen für sich und die Region zu sichern. Das geht nicht ohne materielle Ressourcen.

Doch schon in einem Übergangsbereich eines Rohstofffußabdrucks von 5–15 t/Person verschwindet dieser deutliche Zusammenhang. Die Zufriedenheit scheint hier schon recht bald nicht mehr zuzunehmen, auch wenn die Unterschiede zwischen den Ländern beträchtlich sind.

---

[32] Veenhoven, R. et al. (2021): Happiness and Consumption: A Research Synthesis Using an Online Finding Archive. SAGE Open January–March 2021: 1–21, https://doi.org/10.1177/2158244020986.

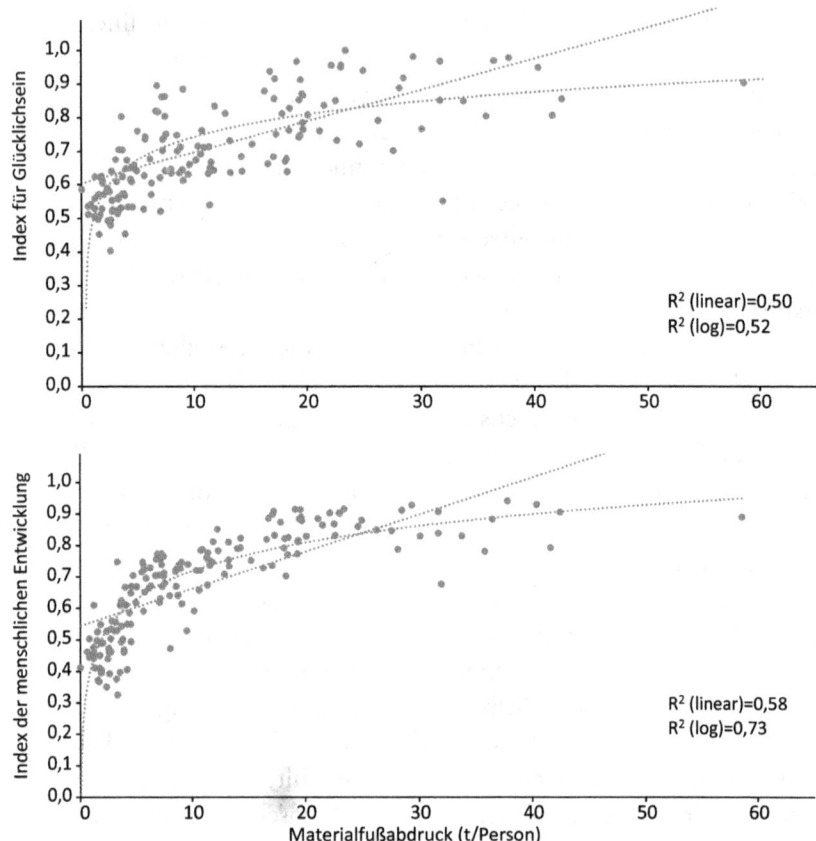

Abb. 1.4 Glücklichsein und menschliche Entwicklung nehmen nicht linear mit dem Materialfußabdruck zu. (Der hier abgebildete Materialfußabdruck entspricht dem Indikator *Raw Material Consumption (RMC)* und umfasst alle genutzte Rohstoffextraktion (fossile Energieträger, metallische Minerale, Bauminerale, Industrieminerale und Biomasse), die mit dem Endverbrauch von Produkten in einem Land verbunden ist.) Jeder Punkt entspricht Durchschnittswerten eines Landes von 2006 bis 2015. (Quelle: Cibulka und Giljum (2020); Cibulka, S., Giljum, S., 2020. Towards a Comprehensive Framework of the Relationships between Resource Footprints, Quality of Life, and Economic Development. Sustainability 12 (11), 4734)

Beim Entwicklungsstand, gemessen als *Human Development Index*, scheint der Zusammenhang noch etwas länger anzuhalten. Das dürfte auf das steigende Einkommen zurückgehen, das in diesem Index ein Drittel ausmacht und das in weniger wohlhabenden Ländern immer noch mit mehr Ressourcenaufwand erwirtschaftet wird.

Berücksichtigt man zudem den laufenden technologischen Wandel in Richtung erhöhter Ressourceneffizienz, dann könnte die bedeuten, dass bis 2060 weltweit 50 Mrd. Tonnen jährlich ausreichen könnten, die gesamte Produktion und sämtlichen Konsum zu versorgen und den Menschen dennoch zu einem erfüllten Leben zu verhelfen. Das wäre nur ein Viertel der Menge, die umgesetzt werden würde, wollte man den Ressourcenaufwand und die Technologien der aktuell ökonomisch reichen Länder über die ganze Welt verbreiten.

Zunächst bleibt festzuhalten, dass ein gewisser Materialaufwand zum einen sicher nötig ist, um die grundlegende Versorgung sicherzustellen, dass die Zufriedenheit der Menschen jedoch nicht wesentlich gesteigert werden kann, wenn der Konsum über dieses Niveau der „Ressourcensättigung" steigt.

2

Wie eine zukunftsfähige Ressourcennutzung aussehen könnte

Zusammenfassung Dieses Kapitel formuliert die Bedingungen, wie der Stoffaustausch zwischen Gesellschaft und natürlicher Umwelt nachhaltig gestaltet werden kann. Die Kernstrategien werden mit konkreten Beispielen veranschaulicht: (1) ressourceneffiziente und kreislauforientierte Industrie, (2) balancierte Bioökonomie und Bionikomie, (3) solarisierte Infrastrukturen und (4) Bestandsgleichgewicht und nachhaltiges Bauen.

2.1 Gesunder Stoffwechsel der Weltwirtschaft

Wenn ein Mensch an Übergewicht leidet, sollte man ihm reinen Wein einschenken und ihm sagen, er soll es zunächst mit dem altbewährten FDH[1] probieren. Natürlich würde man riskieren, ganze Zweige der modernen Ernährungsindustrie trockenzulegen, deren Absatz auf dem Vorgaukeln vermeintlich wirksamer Diäten beruht. Doch beim Menschen gilt, dass der Organismus einerseits eine bestimmte Menge an Nahrung braucht und andererseits bei einem übermäßigen In-Sich-Hineinstopfen

---

[1] „Friss die Hälfte."

auf Dauer krank wird. Warum sollte es bei der Gesellschaft als Ganzes anders sein?

Der „gesellschaftliche Organismus" hat nicht nur einen Nährstoffwechsel. Er hat auch einen Energiestoffwechsel, dessen wesentliche Bestandteile die Anlagen der Energieumwandlung, sprich große und kleine Kraftwerke und Heizungsanlagen, sind. Der Baustoffwechsel bildet und versorgt das „Skelett": die Gebäude und Infrastrukturen. Der Transportstoffwechsel übernimmt die Verteilung der verschiedenen Stoffe, aber auch von Information, inklusive Speicherung. Natürlich kommt der Vergleich zwischen individuellem Stoffwechsel und dem „soziomdustriellen Metabolismus" auch an seine Grenzen. Wesentliches Merkmal des Letzteren sind der Einsatz von Technologien und die Organisation des gesellschaftlichen Zusammenlebens.

Grundlegende Züge des Stoffwechsels innerhalb des gesellschaftlichen Organismus und vor allem des Stoffaustausches mit der umgebenden Umwelt lassen sich freilich nicht wegdiskutieren. Jede Gesellschaft braucht einen stofflichen Input von dort und scheidet einen stofflichen Output aus. Wenn der Mensch nicht in seinem eigenen Dreck ersticken oder im Netz der Folgewirkungen seines Tuns – Beispiel Klimawandel –, ein Netz, das sich über viele Wirkungsketten in der Umwelt erstreckt, gefangen bleiben möchte, muss er sich um diesen Stoffwechsel kümmern.

Dabei ist es eigentlich recht einfach. Wie der Stoffaustausch eines Teilsystems (Menschsystem) mit einem anderen Teilsystem (Natursystem) langfristig aufrechterhalten werden kann und beide Teile überleben, lässt sich mit wenigen Kriterien beschreiben:

(1) Die Stoffversorgung des Menschsystems erfolgt im Wesentlichen über interne Kreisläufe und Kaskaden.
(2) Die Energieversorgung erfolgt über regenerative Quellen (Solar, Wind etc.).

(3) Die verbleibenden Inputs und Outputs bleiben unterhalb der kritischen Schwellen im Sinne eines *Safe Operating Space*.[2]
(4) Das anthropogene Lager, die Menge an Gebäuden und Infrastrukturen, wächst nur bis zu einem Niveau, bei dem wesentliche Funktionen des Natursystems nicht verloren gehen.

Im Natursystem funktionieren die meisten terrestrischen Ökosysteme seit Jahrmillionen bereits über komplexe Verwertungsketten und Nährstoffkreisläufe. Die Stoffversorgung des Menschsystems ist dagegen immer noch großen Teils linear, wodurch unnötig viele Primärrohstoffe aus dem Natursystem entnommen und Output dorthin ausgeschieden wird.

Die Energieversorgung natürlicher Ökosysteme wird durch Solarenergie getrieben. Die verfügbaren Technologien erlauben dem Menschen, diese Solarenergie in noch viel größerem Umfang zu nutzen, als dies bei der natürlichen Fotosynthese der Fall ist. Freilich muss berücksichtigt werden, dass die Anlagen zur Nutzung erneuerbarer Energien (FV-Module, Windkraftanlagen etc.) wiederum stoffliche Ressourcen benötigen (dabei sind die Punkte (1), (3) und (4) zu beachten).

Ein Safe Operating Space ist ein sicherer Handlungsraum des Menschen, bei dem die Wirkungen der Extraktion von Rohstoffen einerseits und der Emissionen und Abfalldeposition andererseits risikoarm sind. Das bedeutet, dass durch die verbleibenden Inputs und Outputs weder die Stabilität des Erdsystems noch das Funktionieren von menschlichen oder natürlichen Lebensgemeinschaften gefährdet werden.

Das physische Wachstum der Technosphäre ist ein Phänomen, das immer noch zu wenig Beachtung findet. Dabei kommt es durch den schlichten Fakt zustande, dass aktuell der Input den Output des Menschsystems übersteigt. Es befindet sich in einer *physischen Wachstumsphase*. Die Menge an Häusern, Straßen, Kanälen, Bahnstrecken, Brücken, Autos, Computern und vielen auch kurzlebigen Produkten wächst. Ge-

---

[2] Der Begriff wurde geprägt im Zusammenhang mit den planetaren Grenzen, die nicht überschritten werden sollten, um die Stabilität der Erdsysteme nicht zu gefährden; s. Rockström, J. et al. (2009): A safe operating space for humanity. Nature 2009, 461, 472–475; Steffen, W. et al. (2015): Planetary boundaries: Guiding human development on a changing planet. Science 2015, doi: 10.1126/science.1259855. Rockström, J. et al. (2021): Identifying a safe and just corridor for people and the planet. Earth's Future, 9, e2020EF001866. https://doi.org/10.1029/2020EF001866

bäude und Infrastrukturen belegen eine gewisse Grundfläche. Dazu kommen die Lückenfüller wie Wegränder, Kleingärten und Sportplätze. Die Siedlungs- und Verkehrsfläche dehnt sich immer weiter aus. Meist auf Kosten von fruchtbaren Agrarflächen im Umfeld der großen Städte (sie waren der Grund dafür, dass Menschen in früheren Jahrhunderten sich dort angesiedelt haben.). Blöd nur, dass Länder wie Deutschland durch ihren Konsum bereits Importeure von Ackerland sind. Das heißt, dass jeder Hektar, der im Inland überbaut wird, irgendwo im Ausland umgepflügt werden muss, um den gleichbleibenden Nachschub zu sichern. Es ist klar, dass die betonierte und asphaltierte Fläche sich nicht auf die Gesamtfläche der Länder ausdehnen kann. Das wiederum bedeutet, dass nicht nur die Ausdehnung der Siedlungs- und Verkehrsfläche zum Stillstand kommen muss. Es heißt auch, dass das physische Wachstum in eine Phase des Fließgleichgewichts übergehen muss. Des Fließgleichgewichts zwischen Input und Output des gesellschaftlichen Stoffwechsels.

Es wird dann immer noch gebaut werden. Doch wenn auf der einen Seite neue Gebäude und Infrastrukturen errichtet werden, werden an derselben oder an einer anderen Stelle alte Gebäude zurückgebaut. Dabei kann ihre Materialsubstanz für den Neubau direkt verwertet werden.

Während man in den meisten Ländern der Welt noch dabei ist, wesentliche Infrastrukturen und den Gebäudebestand zu erstellen, ist dies in Ländern wie Deutschland schon weitgehend geschehen. Der größte Teil der Baustoffströme geht hierzulande bereits in den Bestandserhalt und weniger in den Neubau. Wir werden in diesem Büchlein noch sehen, dass wir von einem Fließgleichgewicht gar nicht mehr so weit entfernt sind.

Als Nächstes schauen wir mal, welche Strategien verfolgt werden können, um den gesellschaftlichen Stoffwechsel zur gesunden Reife kommen zu lassen. Zufälligerweise sind das auch vier:

- ressourceneffiziente und kreislauforientierte Industrie,
- balancierte Bioökonomie und Bionikomie,
- solarisierte Infrastrukturen,
- Bestandsgleichgewicht und nachhaltiges Bauen.

2.2 Ressourceneffiziente und kreislauforientierte Industrie

Wenn wir unser Wohlsein und unseren Wohlstand mit weniger Ressourcen bereitstellen wollen, müssen wir die Ressourceneffizienz in Produktion und Konsum deutlich steigern. Auch bezogen auf die ökonomische Leistung der Wirtschaft muss die Ressourcenproduktivität signifikant erhöht werden. Zugleich geht es darum, die Versorgung vermehrt auf eine Kreislaufbasis zu stellen. Kurz: Die Stoff- und Energieversorgung muss effizient *und* regenerativ erfolgen.

Da stehen wir direkt vor dem nächsten Dilemma. Wenn Materialien eingespart werden, um die Produkte herzustellen, die wir verbrauchen, entsteht weniger Abfall. Wenn weniger Abfall entsteht, kann weniger rezykliert werden. Echte Ressourceneffizienz ist daher der Feind der Kreislaufwirtschaft. Dennoch kann die Kreislaufwirtschaft nicht von der Ressourceneffizienz lassen, denn je mehr Abfälle als Sekundärrohstoff eingesetzt werden, desto weniger Primärrohstoffe werden benötigt. Wenigstens im Idealfall. Denn auch Sammlung und Aufbereitung von Abfällen für das Recycling bedeuten Aufwand, brauchen Energie und Materialien, die ihrerseits wieder Vorketten haben, die bis zu Primärrohstoffen zurückreichen. Nicht jedes Recycling spart Ressourcen ein. Es kommt also mal wieder darauf an.

Außerdem, was heißt eigentlich „echte Ressourceneffizienz", da müsste es ja auch eine falsche geben. Nun, in der Tat gibt es so etwas wie eine scheinbare Ressourceneffizienz. Werden Indikatoren eingesetzt, die den Ressourcenaufwand einer Wirtschaft nur bis zu deren Grenze verfolgen (wie man das beim ersten Ressourceneffizienzprogramm Deutschlands getan hatte), dann kann dieser sinken, wenn die ressourcenintensiven Prozesse ins Ausland verlagert werden und fertige Waren importiert werden anstelle von Rohstoffen.

Nun aber mal nicht so negativ an die Sache rangehen. Denn in der Tat können Material, Energie und Wasser eingespart werden, wenn es um Produktionsprozesse geht. Wie das in verschiedenen Branchen bereits mit Erfolg praktiziert wird, kann man beim VDI Zentrum für Ressourceneffizienz (VDI-ZRE) erfahren.³ Von seiner Webseite können nicht nur neueste Studien zum Thema heruntergeladen werden. Firmen erhalten Anleitungen zu Ressourcenchecks, um eigenständig oder mit Beratung in ihrem Betrieb auf die Suche nach den verlorenen Ressourcen zu gehen. Kostenrechner sind dabei ein nützliches Instrument, denn viele Manager wissen noch nicht, an welchen Stellen im Unternehmen wie viel für Materialien gezahlt wird, die erst eingekauft, verarbeitet, gelagert, geliefert werden müssen oder auf diesem Weg zu Abfall geworden sind. Bei jedem dieser Schritte muss gezahlt werden. Bei VDI-ZRE gibt es auch sehr instruktive Videos über erfolgreiche Beispiele zur Steigerung der Ressourceneffizienz in Unternehmen, von Rücknahmesystemen für Wasseruhren über die Abwärmenutzung bei der Metallverarbeitung bis zur CO_2-neutralen Fabrik.

Das Gute an der Ressourceneinsparung ist, dass die Industrie ihre Kosten dadurch senken kann. Manche Manager denken immer noch, dass Rationalisierung zuerst bei den Personalkosten ansetzen sollte, aber die kennen die aktuelle Kostenstruktur des verarbeitenden Gewerbes nicht. Tatsächlich machen die Materialkosten mit 42 % den größten Batzen aus, während die Personalkosten mit knapp 20 % zu Buche schlagen.⁴ Daher sollten Firmen zunächst danach trachten, Materialien arbeitslos zu machen und nicht Menschen.

Umgekehrt könnten jene, die nach einer Ausbildung und einem Job suchen, ihre mittel- bis langfristigen Chancen, den Job zu behalten, an der Ressourcenintensität der Branche ablesen, – wenn diese Daten regelmäßig erhoben würden. Von 1991 bis 2000 jedenfalls konnte beobachtet werden, dass Branchen mit einer hohen Ressourcenproduktivität Personal eingestellt haben, während Branchen mit einer niedrigen Ressourcenproduktivität Beschäftigte entlassen haben.⁵ Der Strukturwandel von den Schwerindustrien hin zum Dienstleistungsgewerbe schlägt sich hier

---

³ VDI-Zentrum Ressourceneffizienz: https://www.ressource-deutschland.de/ [Zugang 27. Okt. 2021].
⁴ Diese Verhältnisse sind in Deutschland zwischen 2006 und 2018 praktisch unverändert geblieben; VDI-ZRE nach Statistisches Bundesamt (2020): Kostenstrukturstatistiken Fachserie 4, Reihe 4.3.
⁵ Bringezu, S. et al. (2009): Europe's resource use. In: S. Bringezu, R. Bleischwitz (Eds.): Sustainable Resource Management, pp. 52–154.

ebenso nieder wie der generelle Trend in Richtung höherer Ressourceneffizienz, die mit einer besseren Wettbewerbsfähigkeit verbunden ist.

Über die Kreislaufwirtschaft brauchen wir hier gar nicht so viele Worte zu verlieren. Die Gesetzgebung hat dafür gesorgt, dass hier ein Milliardenmarkt entstanden ist. Von 2010 bis 2017 steigerte die Branche in Deutschland ihren Umsatz um fast 18 Prozent auf 84 Milliarden Euro.[6] Dabei geht es um die Sammlung und den Transport von Abfällen, Technik wie Anlagen zur automatischen Trennung von Mischabfällen, das Betreiben von Verwertungsbetrieben und Müllverbrennungsanlagen und den Großhandel mit Altmaterialien.

Gleichwohl werden immer noch viele Primärrohstoffe eingesetzt und Rezyklaten heftet der Geruch von Ladenhütern an. Manche müssen qualitativ besser werden, bei anderen sind die bergbaulichen Rohstoffe immer noch deutlich billiger als die aus der Recyclingschmelze. Manche Branchen tun sich generell schwer mit Innovationen, stets müssen Vorreiter den Weg weisen und das Neue ausprobieren und demonstrieren, dass es funktioniert.

Auch bei altetablierten Werkstoffen wie Beton wird Recycling immer mehr zum Standard. Wenn in Großstädten Hochhäuser abgerissen werden, sieht man immer häufiger die Bagger mit den großen Beißzangen, die das Betongerippe zerknabbern. Die mineralischen Bestandteile werden vom Armierungsstahl getrennt. Das Altmetall wandert in die Schmelzöfen und kann wieder Baustahl werden. Die Betonbrösel werden weiter in ihre Bestandteile getrennt. Dabei kommen Sand und Kies oder Splitsteine zum Vorschein, die ein weiteres stilles Leben als Zuschlagstoff in neuem Beton antreten können. Jede Tonne, die rezykliert wird, muss nicht aus einer Sand- oder Kiesgrube oder einem Steinbruch extrahiert werden und schont auf diese Weise natürliche Landschaften. Selbst wenn Bauvorschriften solchen Recyclingbeton noch nicht für alle Bauteile zulassen, haben Clemens Mostert und sein Team vom Center of Environmental Systems Research in Kassel gezeigt, dass durch die Verwertung des Betons aus dem Rückbau von Gebäuden circa ein Drittel des stofflichen

---

[6] EUWID (2020): Kreislaufwirtschaft legt in Deutschland weiter kräftig zu. https://www.euwid-recycling.de/news/wirtschaft/einzelansicht/Artikel/kreislaufwirtschaft-waechst-in-deutschland-weiter.html [Zugang 28. Okt. 2021].

Ressourcenaufwands vermieden werden kann.[7] Das lässt sich durchaus auch mit ansprechender Architektur verbinden, wie man bei einem Neubau eines Rathausgebäudes im hessischen Korbach[8] demonstriert hat.

Die Innovation wartet nicht und der Stahlbeton von heute wird morgen doch ein alter Hut sein. An der TU Dresden erforscht man seit Jahren den Einsatz von Carbonbeton.[9] Dabei wird die herkömmliche Stahlverstärkung durch Carbonfasern ersetzt. Wesentlich schlankere und flexibler geformte Bauteile werden dadurch möglich. Denn die Fasern müssen nicht wie der herkömmliche Armierungsstahl mit mindestens 2,5 cm Beton überdeckt werden, um nicht zu rosten. Wird zudem ultrahochfester Beton verwendet, können ebenfalls leichtere und beständigere Bauten errichtet werden. Für Autobahnbrücken haben Husam Sameer und ein Team von Forschenden der Universität Kassel die ökologischen Vorteile gegenüber der konventionellen Bauweise belegt.[10] Wenn in Zukunft die Carbonfasern auf der Basis von CO_2 hergestellt werden, das aus der Luft entnommen wird – die Technologien hierfür gibt es bereits –, dann könnte der Einsatz von ultrafestem Carbonbeton nicht nur Ressourcen, sondern auch das Klima schonen. Wir kommen darauf zurück.

Nicht nur massive Bauwerke haben große Ressourcenfußabdrücke. Auch das leicht in der Hand liegende Handy wiegt, wenn man die Rohstoffe zur Gewinnung der wertvollen Metalle in seinen Chips und den Platinen aufrechnen würde, mehr als das Hundertfache. Dies wird sich nicht ändern, solange hauptsächlich erzbasierte Materialien eingesetzt werden. Die SHIFT GmbH in Nordhessen entwickelt und vertreibt das *Shiftphone*. Es ist modular aufgebaut, sodass kaputte Komponenten ausgetauscht und Altgeräte aufbereitet und wiederverwendet werden können. Der Rücklauf wird über ein Pfand gesichert. Am *Center for Environmental Systems Research* untersucht Anna Schomberg, wie die

---

[7] Mostert, C., Sameer, H., Glanz, D., Bringezu, S. (2020): Urban Mining for Sustainable Cities: Environmental Assessment of Recycled Concrete. 2020 IOP Conf. Ser.: Earth Environ. Sci. 588 052021.
[8] Hansestadt Korbach: Rathausneubau – Vom Abriss bis zur Einweihung. https://www.korbach.de/Die-Stadt/Aktuelles-Infos/Rathausneubau/ [Zugang 28. Okt. 2021].
[9] TU Dresden: Erstes Haus aus Carbonbeton. https://www.youtube.com/watch?v=vzXkoVgNfSo [Zugang 28. Okt. 2021].
[10] Sameer, H. et al. (2020): Environmental Assessment of Ultra-High-Performance Concrete Using Carbon, Material, and Water Footprint. Materials 12, 851.

Materialströme der Firma weitgehend geschlossen und die Ressourcen- und Klimafußabdrücke dadurch vermindert werden können.[11]

Eine Aufbereitung zur Wiederverwendung muss nicht immer die beste Lösung sein. Nadja von Gries hat Organisationen in Flandern und Nordrhein-Westfalen untersucht, die verschiedene Elektroaltgeräte sammeln, aufbereiten und erneut verkaufen. Ob Waschmaschine oder Kaffeekocher, Lautsprecher oder Computerbildschirm, es kommt auf die Ressourcenfußabdrücke der Komponenten an, ob sich eine Aufbereitung ökologisch lohnt.[12] Denn wenn die auszutauschenden Teile schon fast den gesamten Fußabdruck des Geräts ausmachen, dann würde sich eher ein Neukauf und das Recycling der Materialien des Altgerätes anbieten. Eine Wiederverwendung von noch funktionierenden Geräten ist dagegen allemal sinnvoller als ein Neukauf.

2.3 Balancierte Bioökonomie und Bionikomie

Ausgangspunkt der nächsten Strategie ist schon wieder ein Missverständnis. Weil nachwachsende Rohstoffe nachwachsen, so der naheliegende Gedanke, zählen sie zu den erneuerbaren Ressourcen, seien also generell den nicht nachwachsenden vorzuziehen. Eine Wirtschaft, die „Biomasse" als Rohstoffe einsetzt, ob für Nahrungsmittel, Textilien, Fensterrahmen, Treibstoffe oder zur Stromgewinnung, eine solche „Bioökonomie" müsste danach viel nachhaltiger sein als eine, die wie herkömmlich auf mineralische und fossile Ressourcen setzt. So völlig verkehrt ist dieser Gedanke nicht. Er hat nur einen Haken. Nachwachsende Rohstoffe brauchen andere Ressourcen, um wachsen zu können, wie Ackerland und ausreichend Wasser, und wenn man sie schneller erntet, als sie nachwachsen können, dann wird aus Wäldern Brachland und Meere verarmen, weil überfischte Bestände aussterben. Biomasse vom Acker oder aus dem Wald ist auch eine nur begrenzt verfügbare Ressource.

---

[11] loop-PHONE – Bereit für die Kreislaufwirtschaft: Das nachhaltige SHIFTPHONE https://www.uni-kassel.de/forschung/cesr/forschungsprojekte/loop-phone [Zugang 9. April 2022].
[12] Gries, N. von (2020): Ressourceneinsparpotenziale der „Vorbereitung zur Wiederverwendung" von Elektro- und Elektronikaltgeräten. Eine vergleichende Analyse in Flandern und Nordrhein-Westfalen. Kassel University Press: Kassel. https://doi.org/10.17170/kobra-202007091434.

Dabei hat alles so schön angefangen. Gab es ja zunächst auch nur Gewinner der schönen neuen Bioökonomie. Die Landwirte erhielten ein zusätzliches Einkommen. Sie waren nicht nur Nahrungsmittelproduzenten, sondern lieferten auch noch Bioenergie, indem Mais nicht mehr an Tiere verfüttert, sondern in die Betonkuh gegeben wurde, um Biogas zu erzeugen, mit dem wiederum Strom und – wenn ein Abnehmer in der Nähe war – auch Wärme erzeugt werden konnten. Die deutschen Lande wurden im Frühjahr gelb, nicht weil die FDP mal wieder plakatiert hatte, sondern weil Rapsfelder weiteren Gewinn für die Landwirte versprachen, diesmal für Biodiesel. Die Subventionen für die Energie- und Treibstoffwirte kamen diesmal nicht direkt aus dem Brüsseler Haushalt, sondern wurden über das EEG und die Vorgaben zu verpflichtenden Biotreibstoffquoten ins Leben gerufen. Da die Biotreibstoffe einfach zugemischt werden konnten, mussten weder Tankstellen noch Fahrzeuge umgerüstet werden. Bauern und Treibstoffproduzenten durften sich die Hände reiben. Und auch noch stolz darauf verweisen, dass sie der Umwelt etwas Gutes tun, denn Biotreibstoffe stammen aus Biomasse und die nimmt – das wissen wir aus der Schule – beim Wachsen CO_2 aus der Luft und H_2O aus dem Boden auf. Beides wird beim Verbrennen wieder frei, juchhu, der Kreislauf ist geschlossen, das Klima gerettet.

Wäre da nicht der Haken an der Sache. Der Haken entpuppte sich als Dreizack. Das erste Problem war der reale Klimafußabdruck. Tatsächlich trug die deutsche Bioökonomie von 2010 bis 2017 ca. 18 % zum gesamten Klimafußabdruck Deutschlands bei und damit deutlich mehr als zur Wertschöpfung (8 %) und zur Beschäftigung (10 %).[13] Das lag zum einen an der energieaufwendigen landwirtschaftlichen Produktion und Lebensmittelverarbeitung und auch daran, dass Kühe als Wiederkäuer eine Biogasanlage als Magen haben, die das Methangas (CH_4) ins Freie entweichen lässt. Methan ist ein 28-mal stärkeres Treibhausgas als

---

[13] S. Bringezu, M. Banse, L. Ahmann, N.A. Bezama, E. Billig, R. Bischof, C. Blanke, A. Brosowski, S. Brüning, M. Borchers, M. Budzinski, K.-F. Cyffka, M. Distelkamp, V. Egenolf, M. Flaute, N. Geng, L. Gieseking, R. Graß, K. Hennenberg, T. Hering, S. Iost, D. Jochem, T. Krause, C. Lutz, A. Machmüller, B. Mahro, S. Majer, U. Mantau, K. Meisel, M. Moesenfechtel, A. Noke, T. Raussen, F. Richter, R. Schaldach, J. Schweinle, D. Thrän, M. Uglik, H. Weimar, F. Wimmer, S. Wydra, W. Zeug. (2020): Pilotbericht zum Monitoring der deutschen Bioökonomie. Hrsg. vom Center for Environmental Systems Research (CESR), Universität Kassel, Kassel, doi:10.17170/kobra-202005131255.

Kohlenstoffdioxid (CO_2). Zum anderen werden in Land-, Forstwirtschaft und Fischerei eher geringe Löhne gezahlt.

Das zweite Problem war das Land, das einfach nicht mehr werden wollte. Die Landwirte in Deutschland merkten alsbald, dass die Pachtpreise für Ackerland anzogen, die Fleisch- und Milchproduzenten merkten, dass sie plötzlich höhere Preise für Mais zahlen mussten, wenn sie ihre Rinder füttern wollten. Im Zeitalter globalisierter Märkte machten sich die Landkäufer auf den Weg, um in verschiedene Regionen der Welt Ackerland zu besorgen. Die großflächigen Landakquisitionen in sich entwickelnden Ländern durch ausländische Investoren boomten in den 2000er-Jahren, als die Preise für Grundnahrungsmittel in die Höhe schossen. 2017 bis 2020 hat sich ihre Flächenausdehnung bei insgesamt 30 Millionen Hektar stabilisiert, wovon schätzungsweise nur 18–38 % genutzt werden.[14] Man kaufte sich in landwirtschaftlich hoch produktiven Regionen ein. In vielen Fällen hatten diejenigen, die die Flächen für ihre Versorgung nutzten, gar nichts davon, weil sich Stammesälteste oder lokale Parteibonzen das Geld in die Tasche steckten. Auch wenn sie einen gewissen Obolus erhalten hatten, standen sie freilich vor einem Problem: Woher nun die Lebensmittel für den Eigenbedarf nehmen? Viele zogen weiter, wurden Vertriebene im eigenen Land, konnten Parzellen, die ihre Familien seit Generationen genutzt hatten, freilich ohne Eintragung im Grundbuch, denn das gibt es in diesen Regionen nicht, nicht mehr nutzen. Und weil die Flächen der Landkäufer nicht für die einheimische Nahrungsmittelproduktion, sondern für den Export entweder von Bioenergiepflanzen, Biotreibstoffen oder von Cash Crops gedacht waren, mussten diese Bauern anderswo neue Äcker einrichten. Grasland, Savannen und Wälder mussten herhalten, wurden gerodet, um die verlorene Anbaufläche wiederzugewinnen. Die Wissenschaft hat diese Form von Dominospiel, bei dem die Produktion von Nichtnahrungsmitteln auf bestehenden Anbauflächen anderswo zur Flächenumwandlung führt, „indirekten Flächennutzungswandel" (engl. *„indirect land use change"*, abgekürzt iLuc) getauft.

---

[14] Land Matrix: https://landmatrix.org/ [Zugang 29. Okt. 2021]; Lay, J. et al. (2021). Taking stock of the global land rush: Few development benefits, many human and environmental risks. Analytical Report III. Bern Open Publishing. DOI: https://doi.org/10.48350/156861

Egal ob direkt oder indirekt, die weltweite Agrarfläche wird in den kommenden Jahrzehnten weiter ausdehnt werden, allein um die wachsende Weltbevölkerung und den Bedarf nach eiweißreicherer Nahrung in den bisherigen Mangelregionen zu decken.[15] Die damit verbundene Umwandlung von Naturflächen hat zwei schwerwiegende Folgen. Erstens wird durch das Roden des bisherigen Pflanzenbestands und den Umbruch der Böden deren Kohlenstoffgehalt in Form von CO_2 in die Atmosphäre verfrachtet. Es entstehen also zusätzliche Klimagasemissionen. Zweitens verschwinden dadurch artenreiche Lebensräume und mit ihnen schrittweise immer mehr Arten.

Nun war man in Berlin und Brüssel nicht untätig und hat sich etwas einfallen lassen, um einerseits an der bestehenden Biokraftstoffpolitik festhalten und zum anderen vorweisen zu können, dass man den unerwünschten Nebenwirkungen wie iLuc Einhalt gebietet. Also hat man vorgeschrieben, dass die für Biokraftstoffe genutzten Pflanzen von Flächen stammen müssen, die schon seit einigen Jahren kultiviert worden sind. Das lässt sich mittlerweile mit Satellitenbildern überprüfen. Und man schreibt vor, dass das von unabhängigen Zertifizierungsinstitutionen bestätigt werden muss. Zudem verlangt man, dass die Biokraftstoffe gegenüber konventionellen Kraftstoffen eine Mindestmenge an Klimagasen einsparen; dabei werden iLuc-Faktoren angerechnet, um die dadurch verursachten Emissionen einzubeziehen. Die Schnur der Haken wird immer länger. Denn diese iLuc-Faktoren rechnen nur den Anteil der Emissionen den Bioenergiepflanzen zu, die ihrem Flächenanteil an neuer Flächenbelegung weltweit entsprechen; mit anderen Worten, Nahrungs- und Nichtnahrungspflanzen werden auf die gleiche Ebene gestellt, als gleich wichtig erachtet. Würde man das – häufig wiederholte – Primat „*food first*" umsetzen, dann müssten Bioenergiepflanzen die Emissionen bezogen auf ihre gesamte Flächenbelegung zugerechnet werden und nicht nur Teile davon. Dann würde deutlich, dass durch Biokraftstoffe der ersten Generation, also solchen auf der Basis von Nahrungspflanzen, keine Einsparungen von Klimagasen erreicht werden können. Dazu kommt,

---

[15] IRP (2019): Global Resources Outlook 2019: Natural Resources for the Future We Want. A Report of the International Resource Panel. United Nations Environment Programme. Nairobi, Kenya.

2 Wie eine zukunftsfähige Ressourcennutzung aussehen könnte

dass man mit den Vorschriften zur Zertifizierung wieder einen neuen Wirtschaftsakteur und ein profitables Geschäftsmodell etabliert hat. Doch der Anteil der zertifizierten Produkte am Gesamtmarkt bleibt gering. Die Flächenumwandlungen finden im nicht zertifizierten Anbau statt. Und daran, dass die weltweite Agrarfläche wächst, um zunächst die Ernährung der Welt zu sichern, kann dieser Ansatz generell nichts ändern. Es ist letztlich eine groß angelegte Augenwischerei. Das Geschäft mit Biosprit und Biodiesel hat sich mittlerweile als milliardenschwer etabliert, die Lobbys haben ihre Stellungen bezogen. Die EU-Kommission versucht die Löcher in der eigenen Argumentation zu stopfen, den Beteiligten das Geschäft nicht zu vermiesen und die Bedenken der NGOs zu zerstreuen, aber es bleibt ein Flickwerk, das eher der Camouflage dient als einer zukunftsfähigen Entwicklung.

Das dritte Problem ist das Wasser. Biomasse braucht ausreichend Wasser, um wachsen zu können. Daher findet der Anbau zumeist dort statt, wo bislang auch die natürlich vorhandene Vegetation ausreichend durch Regen oder Tau versorgt war. In wasserarmen Regionen hilft künstliche Bewässerung. Doch auch die muss das Wasser irgendwo hernehmen. Brunnen zapfen das Grundwasser an und werden in vielen Regionen immer tiefer getrieben, um noch ein paar Tropfen zu sammeln. In manchen Regionen wie dem amerikanischen Mittelwesten und in Nordafrika wird Wasser aus Reservoiren geholt, die in früheren Erdzeitaltern entstanden sind. Die sind zwar ziemlich groß, aber irgendwann werden auch sie leergepumpt sein.

Deutschland bezieht eine Reihe agrarischer Produkte aus wasserarmen Regionen wie dem Nahen Osten. Vor allem Kartoffeln, Tomaten, Pistazien, verschiedene Früchte, Datteln und Weintrauben.[16] Während wir damit zu allen Jahreszeiten mit frischem Gemüse und Obst versorgt werden, beanspruchen in dieser krisengeschüttelten Region die Exportbauern das Wasser für ihre Kulturen, während in den Flüchtlingslagern und besetzten Gebieten Wasser für die tägliche Hygiene rationiert ist. Die Bewässerungssysteme sind teilweise sehr effizient und versorgen die Pflanzen nur tröpfchenweise, während an anderer Stelle noch offene

---

[16] S. Bringezu, M. et al. (2020): Pilotbericht zum Monitoring der deutschen Bioökonomie. doi:10.17170/kobra-202005131255.

Flutkanäle genutzt werden. Die natürlichen Quellen reichen in den dicht besiedelten Regionen des Nahen Ostens längst nicht mehr aus. Zunehmend wird Wasser energieaufwendig über Meerwasserentsalzungsanlagen gewonnen.

Der Wasserfußabdruck der deutschen Bioökonomie ist in den letzten Jahren immerhin kleiner geworden. Die Baumwolle der hierzulande gekauften Textilien stammte weniger aus besonders trockenen Gebieten. Doch die Nachfragetrends lassen erwarten, dass der Anteil der Importe insbesondere von Nahrungsmitteln aus Regionen mit starker Wasserknappheit zunehmen dürfte.[17] Wenn die Konsummuster nicht ausbalanciert werden.

Die Landwirtschaft in Deutschland produziert eigentlich ausreichend Kartoffeln. Selbst Tomaten können hier produziert werden und der Weinbau liefert Trauben. Nicht das ganze Jahr über in gleichem Umfang, aber würde eine saisonale Veränderung nicht auch mehr Abwechslung in den Einheitsmix des Hausmachermenüs bringen?

Damit die Bioökonomie nicht aus dem Ruder läuft, müssen sowohl die Produktion als auch der Verbrauch zukunftsfähig gestaltet werden. Bei der Produktion heißt das, dass mit jedem Hektar Anbaufläche sorgsam umgegangen werden muss. Die Bodenfruchtbarkeit lässt sich erhalten, wenn die Erosion durch Wind und Regen niedrig gehalten wird, durch Zwischenfrüchte und schonende Bodenbearbeitung und dadurch, dass der organische Anteil hoch gehalten wird. Die Auswaschung von Nährstoffen ins Grundwasser und in Oberflächengewässer kann möglichst gering gehalten werden. Durch Fruchtwechsel und Ackerrandstreifen kann die Biodiversität auch bei den bewirtschafteten Flächen erhöht werden. Dies alles gehört zur guten landwirtschaftlichen Praxis und wird nach den Regeln des Ökolandbaus dort auch besonders beachtet.

Nun könnte einer sagen, dann reicht es doch, wenn wir weltweit auf Ökolandbau umstellen, wozu noch etwas am Verbrauch ändern? Stellen wir uns das einmal kurz vor: Die gesamte Landwirtschaft wäre weltweit auf Öko umgestiegen, jeder Hektar würde in einer Weise bewirtschaftet, die lokal angepasst dauerhaft durchgehalten werden könnte. Wenn der Verbrauch unverändert bliebe, würde sich die Ausdehnung der Acker-

---

[17] Ebenda.

2 Wie eine zukunftsfähige Ressourcennutzung aussehen könnte 43

flächen dadurch weltweit erhöhen. Denn die Ernteerträge des Ökolandbaus sind im Schnitt etwa ein Fünftel geringer als beim konventionellen Anbau. Die Umwandlung von Naturflächen vorwiegend in tropischen Regionen würde in noch größerem Tempo erfolgen, wenn, ja wenn wir nicht auch gleichzeitig etwas am Verbrauch ändern. Das ist eigentlich ganz einfach und der Wandel ist bereits im Gange. Aber nur langsam.

So hat die zunehmende Nachfrage nach eher pflanzenbasierter Kost in den letzten Jahren dazu geführt, dass der Agrarflächenfußabdruck Deutschlands abgenommen hat. Während 2000 bis 2005 durch den Konsum agrarischer Güter in Deutschland weltweit ca. 6800 m² pro Person belegt wurden, waren es 2010 bis 2015 noch ca. 6200 m².[18] Dadurch sank auch der Beitrag Deutschlands zur Umwandlung natürlicher Ökosysteme in Agrarflächen in anderen Regionen von jährlich 90 m² auf 30 m² pro Person. Diese Umstellung der Nachfrage, die insbesondere von der jüngeren Generation getrieben wird – vegan liegt im Trend –, vollzieht sich langsam.

Der Umstieg auf eine eher pflanzenbasierte Ernährung ist nicht nur gesünder, er braucht auch deutlich weniger natürliche Ressourcen. In Deutschland wird bislang über 60 % des Getreides verfüttert.[19] Für ein Kilogramm Weizenbrot werden für das Mehl 850 Gramm Weizenkörner benötigt, die auf einem Quadratmeter wachsen.[20] Um ein Kilogramm Schweinefleisch zu erzeugen, werden hauptsächlich für die Futtermittelerzeugung 6,5 m² belegt, für ein Kilogramm Rindfleisch 30 m².[21]

Weniger rotes Fleisch und Zucker zu konsumieren sind zwei Kernempfehlungen einer Expertenkommission, die sich die Möglichkeiten genauer angesehen hat, wie die Weltbevölkerung zum einen gesünder und zum anderen ohne Raubbau an der Natur ernährt werden kann.[22]

---

[18] Ebenda.
[19] Ebenda.
[20] Bundesinformationszentrum Landwirtschaft: Wie viel Getreide benötigt man für ein Brot? https://www.landwirtschaft.de/landwirtschaft-verstehen/haetten-sies-gewusst/pflanzenbau/wie-viel-getreide-benoetigt-man-fuer-ein-brot [Zugang 29. Okt. 2021].
[21] DESTATIS (2018): Flächenbelegung von Ernährungsgütern tierischen Ursprungs 2008–2015. Umweltökonomische Gesamtrechnungen. Wiesbaden.
[22] Willet, W. et al. (2019): Food in the Anthropocene: the EAT–Lancet Commission on healthy diets from sustainable food systems. www.thelancet.com, published online January 16, 2019 https://doi.org/10.1016/S0140-6736(18)31788-4.

Nicht nur in Deutschland, weltweit sind mehr Menschen übergewichtig als unterernährt. Als Folge einer krankhaften Ernährungsweise, die häufig mit übermäßigem Verzehr von Fleisch, Fett und Zucker verbunden ist. Weniger davon und stattdessen deutlich mehr Gemüse, Salat und Obst samt Vollkorn- und Pastavariationen würden nicht nur die Lebenserwartung vieler Menschen erhöhen, sie würden auch dazu beitragen, dass in anderen Regionen weniger Savannen umgepflügt und Wälder gerodet würden.

Dazu würde auch gehören, dass wir das jeweils produzierte Kilogramm auch wirklich essen würden. Ein Viertel bis ein Drittel aller produzierten Nahrungsmittel wird weggeworfen. Wenn wir also deutlich weniger wegwerfen würden, könnte der Flächenmehrbedarf des Ökolandbaus ausgeglichen und durch eine eher pflanzenbasierte Ernährung hierzulande könnte der Druck auf die Biodiversität durch die Ausdehnung der Agrarfläche in anderen Regionen genommen werden.

Bleibt noch die Aufgabe, auch die Industrie regenerativ mit Rohstoffen zu versorgen, die bislang aus Land-, Forstwirtschaft und Fischerei kommen. Dabei geht es (1) um die Versorgung mit Baumaterial und Cellulosefasern für die Papierherstellung, wofür aktuell vor allem Holz eingesetzt wird; es geht (2) um Kohlenwasserstoffe, die als Grundstoffe in der chemischen und Kunststoffindustrie benötigt werden; und es geht (3) um diverse Spezialstoffe für Pharmazeutika, Farben, Lebensmittelzusätze usw. Mit nachhaltiger Waldwirtschaft kann der erste Bereich auch künftig in relevantem Umfang versorgt werden. Für den dritten Bereich werden immer mehr biotechnologische Verfahren entwickelt, die es mit Laborverfahren erlauben, entweder Mikroorganismen so zu züchten, dass sie die gewünschten Substanzen aus einfachen Grundstoffen herstellen (wie beim Joghurt), oder dass diese Mikroorganismen direkt zusammengesetzt werden („synthetische Biologie").

Eine besondere Herausforderung ist der Wechsel der Stoffversorgung der chemischen und kunststoffverarbeitenden Industrie. Weiter auf Biomasse umzusteigen geht nicht, da hierfür zu wenig Fläche auf dem Planeten zur Verfügung steht. Die bisherige Versorgung geschieht mit Erdgas und Erdöl. Beide Rohstoffe liefern zugleich Energie und Kohlenstoff. Künftig wird beides auf getrennten Wegen bezogen werden. Die Energieversorgung wird zunehmend auf regenerativen Strom umsteigen. Der

2 Wie eine zukunftsfähige Ressourcennutzung aussehen könnte 45

Kohlenstoff wird durch werkstoffliches Recycling von Kunststoffen und durch die Nutzung von CO_2 als Rohstoff bereitgestellt werden (Abb. 2.1).[23]

Dies ist keine Fiktion, sondern bereits greifbare Realität. Weltweit laufen Projekte, um CO_2 nicht einfach als Abfallstoff in die Atmosphäre zu pusten, sondern vorher abzufangen und als Rohstoff einzusetzen. Das Bundesforschungsministerium hat dazu eine Reihe von Förderprogrammen aufgestellt. Das CESR hat eine Roadmap entwickelt, wie diese Technologien beschleunigt in den Markt eingeführt werden können.[24] Die Abscheidung aus dem Abgas von Zementwerken, Abfallverbrennungsanlagen, Stahlwerken und anderen Anlagen basiert auf etablierten Verfahren und ist relativ kostengünstig zu bewerkstelligen. Selbst eine Abscheidung aus der Luft, die aus der Reinraumtechnologie entwickelt wurde, ist möglich. Hier hat das Schweizer Unternehmen Climeworks die Nase vorn. Da die Konzentration von Kohlenstoffdioxid in der Luft wesentlich geringer ist als im Abgasstrom von Punktquellen, ist natürlich der Energieaufwand höher. Aber die Abscheidung aus der Atmosphäre hat den Vorteil, dass sie überall auf der Welt installiert werden kann.

Die eigentliche Herausforderung bei der Nutzung von CO_2 für die chemische und Kunststoffindustrie liegt darin, dass sehr viel Energie nötig ist, um aus Kohlenstoffdioxid Kohlenwasserstoffe herzustellen. Wie deren Name schon nahelegt, braucht man dazu Wasserstoff oder Verbindungen, die ausreichende Mengen davon enthalten. Bislang wird Wasserstoff zumeist aus fossilen Energieträgern abgeschieden, aber wollte man auf dieser Basis CO_2 energetisch aufpeppen, würde man die Klimabilanz verschlimmbessern. Statt weniger CO_2 zu emittieren, würden insgesamt noch mehr Treibhausgase freigesetzt. Die Lösung liegt in der Nutzung von erneuerbarem Strom. Damit kann Wasser gespalten werden. Diese Elektrolyse erzeugt Wasserstoff (H_2) und Sauerstoff (O_2). Den Wasserstoff kann man dann mit CO_2 zu Kohlenwasserstoffen wie Me-

---

[23] Bringezu, S., Kaiser, S. (2019): Kohlenstoff im Kreislauf – Vision und Wirklichkeit. In: Wiemer, K. et al. (Hrsg.): Bioabfall- und stoffspezifische Verwertung II, Witzenhausen-Institut, S. 53–64.

[24] Bringezu, S., Kaiser, S., Turnau, S. (2020): Zukünftige Nutzung von CO_2 als Rohstoffbasis in der deutschen Chemie- und Kunststoffindustrie. Eine Roadmap. Center for Environmental Systems Research (Hrsg.), Universität Kassel. DOI: 10.17170/kobra-202002211019.

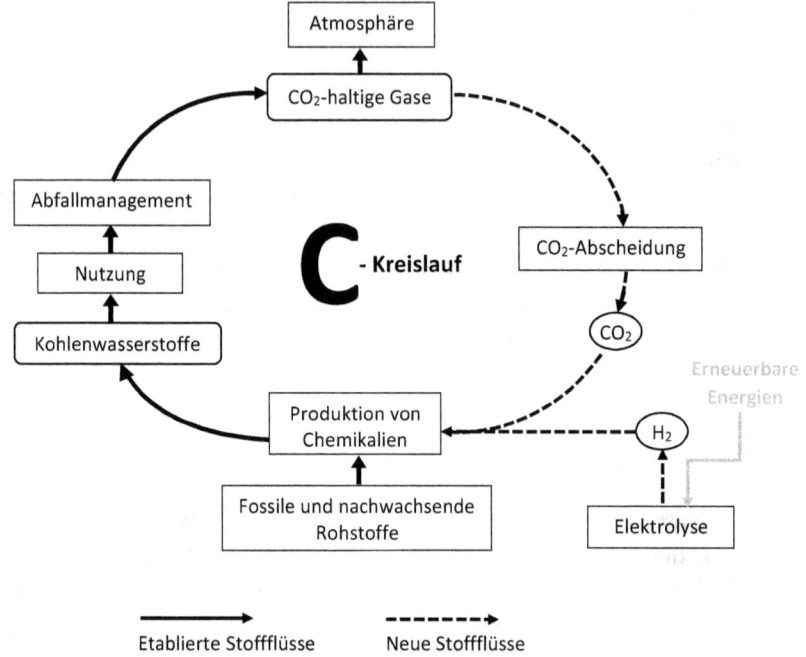

Abb. 2.1 Schema des Carbonrecyclings durch Nutzung von CO_2 als Rohstoff (nach Hoppe, W., Bringezu, S. (2016): Vergleichende Ökobilanz der CO_2-basierten und konventionellen Methan- und Methanolproduktion. NachhaltigkeitsManagementForum | Sustainability Management Forum, vol. 24(1), S. 43–47)

than (CH_4) oder Methanol (CH_3-OH) verbinden. Aus diesen Grundstoffen können verschiedene Chemikalien und Kunststoffe hergestellt werden.[25]

Die Möglichkeit, CO_2 als Rohstoff zu nutzen, ist nicht nur technologisch revolutionär. Das technische Recycling von Kohlenstoff wird dadurch wesentlich erweitert. Damit ist der Mensch mittlerweile in der Lage, eigenständig Fotosynthese zu betreiben, ohne dazu auf pflanzliche Biomasse direkt oder indirekt zurückgreifen zu müssen. Weil der Umweg über die Biomasse entfällt, sinkt der Druck zur Übernutzung natürlicher Ökosysteme.

---

[25] Ebenda.

2 Wie eine zukunftsfähige Ressourcennutzung aussehen könnte

Das Prinzip, ähnlich wie die Natur zu wirtschaften, ohne dabei Naturprodukte einsetzen zu müssen, wird auch als Bionik bezeichnet. Bekannt ist beispielsweise der sogenannte Lotuseffekt bei der Beschichtung von Oberflächen. Die Blätter der Lotuspflanze haben eine wachsartige Oberfläche, von der Wasser sehr leicht abperlt. Diesen Effekt kann man beim Lackieren von Autos oder der Beschichtung von Outdoortextilien imitieren. Vom Aufbau von Grashalmen, die sich im Wind biegen, ohne zu brechen, haben Architekten und Bauingenieure gelernt, wie Hochhäuser selbst in erdbebengefährdeten Regionen sicher gebaut werden können. Die industrielle Fotosynthese bewirkt den gleichen Effekt wie die natürliche Fotosynthese. Einige Forschungsansätze zielen darauf ab, Teile der natürlichen Fotosynthese auf zellulärer Ebene in technische Anlagen zu integrieren. Andere funktionieren allein mit abiotischen Bauteilen auf der Basis von Mineralien. Die Spaltung von Wasser mit Elektrolyseuren ist eine bereits seit Langem etablierte Technik. Wenn man sie mit anderen verfügbaren Techniken wie der Abscheidung von Kohlenstoffdioxid aus Abgasen und der Weiterarbeitung der erzeugten Kohlenwasserstoffe kombiniert, entstehen neue Prozessketten, die den Kohlenstoff regenerativ im Kreis führen. Dabei lassen sich Treibhausgasemissionen vermindern, vorausgesetzt, es wird erneuerbarer Strom eingesetzt. Da man sehr viel davon benötigt, ist auch der Materialfußabdruck der CO_2-basierten Chemikalien erheblich. Selbst wenn man Windstrom einsetzt – pro Kilowattstunde hat diese Form der Stromerzeugung den geringsten Materialfußabdruck –, braucht man ganze Windparks mit ihren Generatoren, Verkabelungen und Umspannwerken, die letztlich einige Mengen an Kupfer, Stahl, Beton und anderen Materialien enthalten.

Doch die Perspektive ist klar: Die Bioökonomie lässt sich in zukunftsfähiger Weise ausbalancieren. Zum einen durch die Anpassung der Konsummuster (weniger Abfälle, mehr vegetabile Ernährung). Zum anderen durch den Umstieg auf eine *Bionikomie*. Anstelle eines massenhaften Einsatzes von Biomasse aus Land-, Forstwirtschaft oder den Meeren geht es vielmehr um die Verwendung biologischer Prinzipien und Vorbilder. Sie können der Schlüssel für erhöhte Ressourceneffizienz und verbesserte Kreislaufführung sein. In der Pharmazie, der Lebensmittelverarbeitung und der Waschmittelproduktion hat man mit biotechnologischen Verfahren seit Jahren gute Erfahrungen gemacht. Dabei geht es eher um Qualität als um die Produktion riesiger Mengen. Bionik eröffnet zudem völlig neue Horizonte, wenn abiotische stofflich-energetische Versorgungsoptionen wie das Carbonrecycling auf der Basis industrieller Fotosynthese weiterentwickelt werden.

2.4 Solarisierte Infrastrukturen

Die Gebäude der Zukunft werden Oberflächen haben, die Sonnenenergie ins Innere durchlassen, wenn sie als Licht gebraucht wird, den Überschuss zu Strom umwandeln und den nicht benötigten Rest reflektieren. Schaltbare Fenster sind bereits verfügbar. FV-Module sind gängige Praxis, solarthermische Kollektoren zur Wärmegewinnung ebenfalls, teilweise wird beides kombiniert.

Die passive und aktive Solarnutzung erlaubt es, Plusenergiehäuser zu bauen. Die liefern während ihrer Nutzungsphase mehr Energie als in ihnen benötigt wird. Sie sind sozusagen dezentrale kleine Kraftwerke. Aber Vorsicht. Diese Installationen müssen auch produziert werden und zur Herstellung von beispielsweise FV-Modulen werden verschiedene stoffliche Ressourcen benötigt und es wird auch einiger Energieaufwand betrieben. Es kommt also auf die Gesamtbilanz der Ressourcen- und Klimafußabdrücke an, die sich über den gesamten Lebensweg des Gebäudes und aller seiner Bestandteile ergibt.

Um bereits in der Planungsphase von Gebäuden diese ökologischen Fußabdrücke zusammen mit der Statik und den Kosten am Computer einfach bestimmen zu können, gibt es Softwareprogramme. Eine jüngste Entwicklung ist die Applikation SURAP. Das steht für *Sustainable Resource Application*. Diese App wurde von Husam Sameer an der Universität Kassel entwickelt. Sie erlaubt es Ingenieuren und Architektinnen, die Ressourcen- und Klimafußabdrücke verschiedener Planungsvarianten einfach zu ermitteln.[26]

Nicht nur Gebäude lassen sich solarisieren. Auch Straßenoberflächen könnten genutzt werden, z. B. für Wärmetauscher, über die im Winter

---

[26] Sustainable Resource Application: Die Zukunft des Bauens ist nachhaltig. Die Zukunft des Planens ist digital. https://surap.de/ [Zugang 1. Nov. 2021].

2 Wie eine zukunftsfähige Ressourcennutzung aussehen könnte 49

die Straße eisfrei gehalten wird (was möglicherweise in einigen Regionen durch den Klimawandel überflüssig wird.). In den USA und China wird an Pilotprojekten bereits getestet, wie FV-Module in Straßen zur Stromerzeugung genutzt werden können.[27] Die „solare Straße" dürfte sich als ein wichtiges Element in das künftige System der „smarten Mobilität" und der digitalisierten Infrastrukturen einfügen. Was mit bisher verfügbaren Technologien bereits möglich wäre, ist die Überdachung von Fahrbahnen zur Installation von FV-Modulen.

Das Aufstellen von Solarmodulen in der offenen Landschaft dagegen macht in unseren Breiten keinen Sinn. Denn die ist nicht „frei" wie mancher vielleicht zunächst denkt. Auf Wiesen und Äckern belegen diese Anlagen Flächen, die – wie wir oben bereits gesehen haben – für die Produktion von Nahrungsmittelpflanzen benötigt werden. Dagegen wird von der Oberfläche von Gebäuden und Infrastrukturen bislang nur ein kleiner Teil zur Nutzung von Solarenergie genutzt.

Windenergie geht letztlich auch auf die Einstrahlung der Sonne zurück, die Luftströme samt ihrem Wassergehalt vertikal in Bewegung setzt. Diese Aufluftströme werden anderswo durch Abluftströme ausgeglichen und weil die Erde sich dreht, werden sie spiralförmig abgelenkt. Das sind die Hoch- und Tiefdruckgebiete, die unser Wetter bestimmen, indem sie sich in munterem Ringelreihen um den Globus abwechseln und die Winde umso stärker blasen, je höher die Druckunterschiede sind. Sobald ausreichend Wind weht, kann seine Energie über verschiedene Anlagen in Strom umgewandelt werden. Dabei dürften die heute weitverbreiteten Windräder in gar nicht zu ferner Zukunft möglicherweise als veraltete Technologie belächelt werden. Neuere Entwicklungen erproben Installationen ohne weit gespannte Rotoren.[28] So kann beispielsweise der Luftstrom durch ein feines Gitternetzwerk metallischer Drähte zum Aufbau elektrischer Spannung genutzt werden.[29] In Rotterdam soll diese Technik Teil eines großen markanten Gebäudes in Radform werden, in dem ver-

---

[27] Toh, C.K. et al. (2020): Advances in smart roads for future smart cities. Proc. R. Soc. A.476: 2019043920190439. https://doi.org/10.1098/rspa.2019.0439.
[28] UNDECIDED: The Future of Solid State Wind Energy and Turbines. https://undecidedmf.com/episodes/solid-state-wind-energy [Zugang 1. Nov. 2021].
[29] Wittor, Y. (2021): Harvesting wind energy through electrostatic wind energy conversion. EGU Journal of Renewable Energy Short Reviews. https://doi.org/10.25974/ren_rev_2021_09.

schiedene Prinzipien moderner Architektur angewandt werden.[30] Die Windenergie wird – zusammen mit direkter Solareinstrahlung – im Gebäude genutzt. Ein Mindestabstand von Windkraftanlage und Gebäude erübrigt sich. Es wird spannend sein zu sehen, wie die Ressourcen- und Klimafußabdrücke solch integrierter Infrastrukturen ausfallen.

Die Energiewende wird jedenfalls nur nachhaltig sein, wenn sie zugleich mit einer Ressourcenwende verbunden wird. Die Windräder und FV-Module, die Stromtrassen und Speicheranlagen, sie alle bestehen aus Materialien mit unterschiedlichen Ressourcen- und Klimafußabdrücken. Letztere werden mit der Zeit weniger werden, denn je mehr erneuerbar erzeugter Strom im Netz sein wird, desto geringer werden die Treibhausgasemissionen der Stromerzeugung und damit der Stromverbräuche bei der Material- und Anlagenherstellung ausfallen. Aber die Materialien für die Energieanlagen werden weiter einen gewissen Ressourcenbedarf haben. Clemens Mostert vom CESR in Kassel hat verschiedene Stromspeichersysteme verglichen.[31] Lithium-Ionen-Batterien, die für Fahrzeuge keine ausreichenden Ladeeigenschaften haben, können in stationären Anlagen ein zweites längeres Leben finden und weisen die kleinsten Fußabdrücke auf. Interessant sind auch neue Systeme wie Unterwasserballons, die bei Stromüberschuss mit Druckluft gefüllt und bei Strombedarf über eine Turbine geleert werden.[32] Die Entwicklung ressourcensparender Energieumwandlungs- und -speichersysteme hat vermutlich gerade erst begonnen.

Der stoffliche Ressourcenaufwand der Energiewende wird gerade in den Phasen, in denen neue Infrastrukturen aufgebaut werden, deutlich größer sein, als dass dieser durch Recycling von Altgeräten gedeckt werden könnte. Wenn die Bestände erst einmal aufgebaut sind, werden die Wiederverwendung, die Verwertung von Teilen und das Recycling von Materialien helfen, den Aufwand an Primärmaterial zu vermindern. Ganz auf null werden sie es nicht bringen, solange die Bestände an Infrastrukturen erhalten bleiben. Wartung, Austausch defekter Teile und Re-

---

[30] Dutch Wind Wheel: https://dutchwindwheel.com [Zugang 1. Nov. 2021].
[31] Mostert, C., Ostrander, B., Bringezu, S., Kneiske, T.M. (2018): Comparing Electrical Energy Storage Technologies Regarding Their Material and Carbon Footprint. Energies 2018, 11, 3386.
[32] Pimm, A.J.; Garvey, S.D.; de Jong, M. Design and testing of Energy Bags for under water compressed air energy storage. Energy 2014, 66, 496–508.

powering werden ständige Materialflüsse erfordern, je größer der Anlagenpark ist, desto aufwendiger muss die Instandhaltung betrieben werden. Und am Ende der Nutzungsdauer treten unweigerlich Verluste bei Sammlung, Sortierung und Aufbereitung der Abfälle auf, auch wenn diese Prozesse immer effizienter gestaltet werden.

Damit sind wir beim anthropogenen Materiallager der Technosphäre angelangt und wollen einmal überlegen, wie sich das künftig entwickeln wird.

2.5 Bestandsgleichgewicht und nachhaltiges Bauen

Stellen Sie sich vor, die 10 Tonnen, die in Deutschland pro Person jährlich zusätzlich zum Bestand an Gebäuden und Infrastrukturen hinzukommen, würden auch in den kommenden Jahrzehnten dazukommen. Jedes Jahr rund 800 Millionen Tonnen Material. In zehn Jahren 8 Milliarden Tonnen, zusätzlich an Beton, Asphalt, Stahl, Aluminium, Kupfer, Holz usw. Immer mehr Gebäude würden in die Höhe und Breite wachsen, immer mehr Straßen würden verbreitert und neue gebaut werden. Damit einhergehend würde die Siedlungs- und Verkehrsfläche weiter ausgedehnt werden. Sie betrug 2019 14,4 % der Landesfläche und dehnte sich täglich um 56 ha aus.[33] Das entspricht circa 80 Fußballfeldern oder 830 Tennisplätzen. Das Umweltministerium strebt bis 2030 eine Verminderung der täglichen Ausdehnung auf 20 Hektar an, bis 2050 soll sie auf null geführt werden. Bislang sind keine Maßnahmen erkennbar, mit denen dies erreicht werden soll. Man beobachtet den abnehmenden Trend.

An dieser Stelle wird es Zeit, das zu betrachten, was sich auf diesen Flächen befindet und wie sich dieser Bestand entwickeln dürfte. Denn seine Entwicklung bestimmt letztlich den Trend der bebauten Flächen. In Deutschland und weltweit.

---

[33] Umweltbundesamt: Siedlungs- und Verkehrsfläche. https://www.umweltbundesamt.de/daten/flaeche-boden-land-oekosysteme/flaeche/siedlungs-verkehrsflaeche#anhaltender-flachenverbrauch-fur-siedlungs-und-verkehrszwecke- [Zugang 2. Nov. 2021].

Auch wenn die Ausdehnung von Gebäuden in die Höhe durch den Geltungsdrang von Lokalpotentaten und Architekten nach dem noch größeren Phallus immer mal wieder Rekorde feiert, sowohl seitens der Standsicherheit als auch aus rein ökonomischen Erwägungen sind dem letztlich Grenzen gesetzt. Auch kompakte Städte wachsen an ihrer Peripherie weiter. Die Speckgürtel dehnen sich aus und überwachsen vor allem fruchtbares Ackerland. Denn die Städte entstanden früher zumeist in fruchtbaren Niederungen. Nun haben wir freilich oben ausführlich gesprochen, dass wir die Agrarfläche in Deutschland brauchen, um uns und Teile der Welt mit Nahrungsmitteln zu versorgen. Das physische Wachstum der Technosphäre wird aus technologischen, ökologischen und ökonomischen Gründen früher oder später in eine Nullwachstumsphase übergehen müssen. An dieser Stelle schon mal der Hinweis für die schnellen Leserinnen: Es geht um das physische Wachstum, nicht zu verwechseln mit dem ökonomischen Wachstum (darauf kommen wir später zurück).

Eine *physische Nullwachstumsphase* heißt keinesfalls, dass sich dann nichts mehr bewegen würde. Erwachsene Menschen, die nach ihrer Kindheit und Jugend nicht mehr weiterwachsen, brauchen dennoch täglich Nahrung und müssen entsprechend täglich aufs Örtchen. Wenn unsere Technosphäre in die Phase des Nullwachstums übergeht, wird sich ein *Fließgleichgewicht* zwischen Input und Output einstellen. Allein um den Bestand zu erhalten, werden erhebliche Materialströme in Bewegung gesetzt werden. Alte Gebäude werden rückgebaut, ihre Bestandteile für die Errichtung von neuen Gebäuden eingesetzt werden. Von 2010 bis 2020 wurde in den Bestandserhalt von Gebäuden doppelt so viel investiert wie für Neubauten.[34] Der Wohnungsbau dominiert die deutsche Bauwirtschaft, während der Tiefbau nur 12 % des Umsatzes bringt. Auch bei den Straßen, Brücken und Kanälen geht es mehr ums Ausbessern und Instandhalten als um zusätzliche Infrastrukturen.

Die langfristigen Trends laufen auf eine Sättigung des Umfangs des Baubestands hinaus. Nicht zuletzt muss jeder Kubikmeter umbauten

---

[34] Hauptverband der deutschen Bauindustrie e. V.: Zahlen & Fakten. https://www.bauindustrie.de/zahlen-fakten [Zugang 2. Nov. 2021].

2 Wie eine zukunftsfähige Ressourcennutzung aussehen könnte   53

Raumes, muss jeder Kilometer Straße laufend instand gehalten werden. Je größer der Bestand, desto größer die jährlichen Materialflüsse dafür. Wir sind in Deutschland gar nicht mehr so weit entfernt von dem Fließgleichgewicht, was sich einstellen muss, damit das Menschsystem die natürliche Mitwelt nicht zubetoniert und asphaltiert, sondern seine Lebensgrundlage erhält. Georg Schiller und seine Kolleginnen vom Institut für Ökologische Raumentwicklung in Dresden erfassen seit Jahren die Entwicklung des Baubestandes. Nach ihren Projektionen wird sich der Zubau von Nutz- und Wohnfläche von ca. 55 Mio. m^2 in 2017 bis 2050 mehr als halbieren, während der Rückbau ganzer Gebäude von 10 Mio. m^2 auf 48 Mio. m^2 zulegen dürfte.[35] Das Gleichgewicht zwischen Neubau und Rückbau dürfte in Deutschland danach um das Jahr 2040 zu erwarten sein.

Dieses Fließgleichgewicht wird sich in den Regionen unterschiedlich schnell einstellen. In den östlichen Bundesländern Deutschlands ist es bereits feststellbar, während die Metropolregionen weiterwachsen. Auch im Jahr 2040 wird es regional unterschiedliche Trends des Baubestands geben, aber über ganz Deutschland hinweg werden sich Wachsen und Schrumpfen die Waage halten. Immerhin. Selbst in China gibt es Anzeichen für eine beginnende Sättigung des Baubestands. Die Zuwachsraten haben sich in den letzten Jahren verringert.[36]

Diese Entwicklung hin zum Bestandserhalt lässt sich bereits heute erkennen. Und sie dürfte der Bauwirtschaft weiterhin hohe Gewinne bescheren. Das Recycling von Material aus dem Rückbau ist bei der Straßenerneuerung bereits gängige Praxis. Alte Asphaltdecken werden abgebrochen, direkt wieder eingeschmolzen und neu ausgerollt. Im Hochbau ist in größeren Städten immer wieder zu beobachten, wie Bagger mit großen Kneifern Betonteile zerknacken. Die Teile werden dann getrennt in die Stahlarmierung, die geht ins Schrottrecycling, und in die mineralischen Anteile. Die bestehen hauptsächlich aus Sand und Kies –

---

[35] Leibniz-Institut für ökologische Raumentwicklung. IÖR Informationsportal Bauwerksdaten. http://ioer-bdat.de/bauwerksdaten/entwicklung-bautaetigkeit/ [Zugang 2. Nov. 2021].
[36] Ren, Z., Jiang, M., Chen, D., Yu, Y., Li, F., Xu, M., Bringezu, S., Zhu, B. (2022): Stocks and flows of sand, gravel, and crushed stone in China (1978–2018): Evidence of the peaking and structural transformation of supply and demand. Resources, Conservation & Recycling 180 (2022) 106173, 13 pp.

die sogenannten Zuschlagstoffe –, fest verbunden durch ausgehärteten Zement. Dieser Kleber wird in Rüttel- und Siebanlagen abgetrennt und die Körner können als RC-Zuschlagstoffe wiederverwendet werden, um erneut Beton herzustellen. Zwar ist die Aufbereitung energieaufwendig, dennoch können – wie wir am Beispiel Korbach gesehen haben – erhebliche Ressourcen eingespart und Landschaften vor der Ausweitung von Sand- und Kiesgruben bewahrt werden.

Die Gebäude der Zukunft werden nicht nur energie- und ressourceneffizienter erstellt werden. Sie werden lichter und leichter sein. Die Solarisierung wird mehr Licht in die Gebäude lassen. Der Leichtbau wird die Bautechnologie revolutionieren. Die Möglichkeiten des Leichtbaus in der Architektur sind gerade mal in ihren Anfängen ausgetestet. Für die verschiedenen Funktionen, die eine Gebäudehülle erfüllen muss, Regen- und Windschutz, Stabilität, Wärmedämmung, Wasserdampfregulation, Aufnahme von Versorgungsleitungen etc. werden immer noch jeweils einzelne Schichten konzipiert, die dann zusammen eine Schichtdicke von 30–50 cm ergeben. Ein zukunftsweisendes Forschungsprogramm könnte das Ziel vorgeben, die Außenwand von Gebäuden bei voller Funktionalität weitestgehend zu dematerialisieren. Warum sollte es nicht möglich sein, die Schichtdicke auf 2,5 cm zu verringern? Das wird sicher nicht gelingen, wenn man herkömmliche Baumaterialien und Bauweisen optimiert. Dazu braucht es eine völlig neue Herangehensweise, bei der Fachleute verschiedener Disziplinen, einschließlich Ingenieur-, Material- und Nanowissenschaften, zusammenarbeiten müssten.

Die technologische Entwicklung im Baubereich geht bereits in Richtung leichterer Bauweisen. Wir haben gesehen, dass Carbonbeton schlankere Konstruktionen ermöglicht. Carbonfasern und Kunststoffe mit ähnlichen Eigenschaften lassen sich bereits rezyklieren. Doch wie beim Papierrecycling werden mit jedem Umlauf die Fasern etwas kürzer, bis sie für einen weiteren Einsatz zu kurz sind. Dann könnten sie, wenn sie nicht chemisch verwertet werden können, zu finalen Ablagerung in ehemaligen Bergwerken, leeren Ölkavernen oder Tiefseegräben deponiert werden. Wenn die Carbon- und Kunststofffasern künftig auf Basis von CO_2 hergestellt worden sind, ließe sich auf diesem Wege langfristig das

2 Wie eine zukunftsfähige Ressourcennutzung aussehen könnte 55

Carbonrecycling mit einer Ausschleusung von Kohlenstoffdioxid aus der Atmosphäre und (Wieder-)Einlagerung des Kohlenstoffs in die Erdkruste verbinden. Das Fließgleichgewicht des Baubestandes könnte auf diese Weise zur weiteren Gesundung des gesellschaftlichen Stoffwechsels beitragen und den historischen Prozess der Verlagerung von Kohlenstoff aus der Erdkruste in die Atmosphäre rückgängig machen.

Die geschilderten Strategien – Ressourceneffizienz und Recycling, balancierte Bioökonomie und Bionikomie, Solarisierung der Infrastrukturen, Bestandsgleichgewicht und nachhaltiges Bauen – werden in Ansätzen bereits verfolgt. Ihre Potenziale sind längst nicht ausgeschöpft. Werden sie zielstrebig weiterverfolgt, können der Ressourcenverbrauch und die Klimabelastung weltweit auf ein risikoarmes Niveau vermindert und die Bedürfnisse der Menschen gleichwohl befriedigt werden.

Hier stellt sich nun die Frage, welche Rolle die Politik bei der zukunftsfähigen Gestaltung des gesellschaftlichen Stoffwechsels spielen soll und kann. Bislang jedenfalls haben sich die verfolgten Ansätze vielfach eher durch Problemverlagerungen als durch echte Problemlösungen ausgezeichnet. Auch werden die ursächlich verknüpften Themen Klima- und Ressourcenschutz immer noch isoliert betrachtet. Dieser Knoten lässt sich durchschlagen, beide Probleme lassen sich gemeinsam lösen. Dabei geht es nicht um Vorschriften und Verbote im Klein-Klein. Es geht vielmehr um die Verständigung auf langfristige Ziele, mit denen richtungssichere Entscheidungen und effektive Maßnahmen getroffen werden können.

Es fehlt an Orientierung. Politik kann als Moderator dafür sorgen, dass die maßgeblichen Informationen auf den Tisch kommen, nicht nur Partikular- und Kurzfristinteressen besprochen werden, dass sich die gesellschaftlichen Gruppen auf wesentliche Aspekte verständigen, wie die physische Basis des guten Lebens hierzulande und global abgesichert werden kann und welche konkreten Handlungsziele dafür nötig sind.

In verschiedenen Ländern gibt es Programme zur Steigerung der Ressourceneffizienz und der Kreislaufwirtschaft. Aber um die Frage, ob es nicht auch Zielwerte für den absoluten Ressourcenverbrauch geben sollte, drückt sich die Politik bislang und die meisten Wirtschaftsakteure fürchten sich davor wie der Teufel vor dem Weihwasser, so wie man vor einigen Jahrzehnten auch verbindliche Klimaziele abgelehnt hat. Mittlerweile haben viele gelernt, dass damit Innovationen angestoßen werden, Wettbewerbsfähigkeit gesteigert und Beschäftigung langfristig gesichert werden kann.

3

Wie wir in eine sichere und faire Zukunft steuern

Zusammenfassung Das Kapitel erläutert, dass das Mikromanagement von Ressourcen durch ein Makromanagement auf Länderebene ergänzt werden muss, das sich an globalen Zielwerten orientiert. Die historische Entwicklung der Umweltpolitik zur nationalen Ressourceneffizienzpolitik wird skizziert. Meilensteine der globalen Nachhaltigkeitspolitik werden aufgegriffen, um die Kernelemente einer nachhaltigen Ressourcen-Governance zu benennen, bei der die Akteure verschiedener Handlungsebenen zusammenwirken.

Es gibt drei Fragen, die man und frau sich hin und wieder stellen und beantworten sollten: Wo stehe ich, wohin möchte ich und was bin ich bereit dafür zu tun? Auch menschliche Gesellschaften sind gut beraten, eine nüchterne Bestandsaufnahme durchzuführen und die laufenden Trends zu analysieren. Schwieriger wird es schon bei der Frage nach den Zielen. Doch auch in demokratisch verfassten Staaten ist es wichtig, einen Minimalkonsens zu finden, wie unsere Zukunft denn eigentlich aussehen sollte. Erst wenn das hinreichend klar ist, macht es Sinn, über mögliche Instrumente und Maßnahmen zu diskutieren. Leider kann man in der öffentlichen Debatte immer wieder feststellen, dass man sich über einzelne Maßnahmen streitet, ohne dass klar ausgesprochen wird, was man damit eigentlich erreichen möchte.

Wir werden im Folgenden sehen, dass es durchaus schon eine Reihe von politischen Zielen mit Bezug zu unserem Thema gibt, die sogar parlamentarisch beschlossen sind. Einige haben auch Bezug zum Klimaschutz und zum Ressourcenverbrauch. Aber es fehlt immer noch an einer Zielbestimmung, die es nationalen Regierungen und Unternehmen erlaubt, ihre Politiken und ihr Handeln so auszurichten, dass die physische Basis ihres Wirtschaftens langfristig gesichert ist, ohne dass dies zulasten anderer Sektoren oder anderer Regionen auf der Welt geht.

Bislang erfolgt die Steuerung des gesellschaftlichen Stoffwechsels teilweise gezielt, größtenteils geschieht sie unbewusst und ohne Ziel und das ist problematisch. Wenn man in einem komplexen System an Rohrleitungen bestimmte Hebel bewegt, sollte man sicher sein, dass nicht an anderer Stelle Unliebsames entweicht, und man sollte vorher überlegen, was eigentlich für wen und wozu durch diese Rohrleitungen fließt. Wir haben gesehen, dass wir uns inmitten des gesellschaftlichen Stoffwechsels tatsächlich in einem Stoffflusssystem befinden, bei dem die meisten nur einen kleinen Ausschnitt sehen. Die wissenschaftliche Systemanalyse macht es möglich, eine Gesamtschau zu gewinnen und mögliche Ansatzpunkte für Hebelinstrumente – oder Regelventile, um im Bild zu bleiben – zu finden.

3.1 Steuerung im Mehrebenensystem

Ressourcenverbrauch und Klimabelastung werden durch Handlungen auf verschiedenen Ebenen bestimmt. Im Idealfall ergänzen und unterstützen sich die Maßnahmen über die verschiedenen Ebenen hinweg. Bislang sind sie jedoch meist nicht abgestimmt und widersprechen sich vielfach.

Das *Mikromanagement* bestimmt das Handeln in Unternehmen. Im Primärsektor sind das landwirtschaftliche und forstwirtschaftliche Betriebe und die Fischerei. Hier geht es darum, Ackerflächen und Grünland, Wald und Fischgründe so zu bewirtschaften, dass sie möglichst dauerhaft hohe Erträge liefern und dabei den Umwelt- und Naturschutzanforderungen entsprechen. Dafür gibt es beispielsweise *Regeln guter Praxis*. Wenn die Regeln guter landwirtschaftlicher Praxis befolgt werden, wird mit jedem Hektar sorgsam umgegangen. Die Bodenfruchtbarkeit wird erhalten, indem die Erosion niedrig und der Kohlenstoffgehalt hoch gehalten werden. Die Düngung erfolgt so, dass die Auswaschung von Nährstoffen in Grund- und Oberflächenwasser minimiert wird. Im Forst wird nicht ganz so viel eingeschlagen wie nachwächst, um durch den Totholzanteil Pilzen, Käfern und Spechten ihren Anteil zu überlassen. Bei der Küstenfischerei kennen die Kutterkapitäne ihre Fischgründe und wissen, welchen Anteil der Fischpopulationen sie abschöpfen können, ohne dass diese zusammenbrechen. Wenn fremde Fischer dazukommen und bei den Hochseetrawlern wird es schon schwieriger.

Bei Unternehmen des verarbeitenden und industriellen Gewerbes geht es beim Ressourcenmanagement zunächst um die Frage, was direkt an Lieferungen bezogen wird, wie effizient es in die eigenen Produkte umgewandelt und wie viel Abfall und Emissionen erzeugt werden. Die Bestellungen von Vorlieferanten halten die gesamte Vorkette in Gang, bis hin zur Extraktion von Erzen im Bergbau und nachwachsenden Rohstoffen in Land- und Forstwirtschaft. Diese Vorketten können mit betrieblichen Monitoringinstrumenten verfolgt werden. In vielen Fällen wird es schon als Fortschritt verbucht, die Herkunft der letztlich verbrauchten Rohstoffe ausfindig gemacht zu haben. Wenn dann die Frage auftaucht, ob denn diese Rohstoffbezüge nachhaltig sind, wird auf die Regeln guter Praxis verwiesen, deren Einhaltung wiederum zertifiziert wird. Diese Zertifizierung wird von Dienstleistern erbracht, die ihre Leute oder beauftragte Personen stichprobenhaft zu den Betrieben der Rohstoffgewinnung schicken, um die Einhaltung der guten Praxisregeln zu begutachten. Die Zertifizierer nehmen für sich in Anspruch, unabhängig zu sein. Freilich finanzieren sie sich über Gebühren, die mit der Zahl der Zertifikate wachsen. Sie haben also selbst ein Interesse daran, möglichst viele Zertifikate auszustellen. Ob dieser Umstand tatsächlich Unabhängigkeit garantiert, sei dahingestellt. Entscheidend ist, dass die zertifizierten Anteile der jeweiligen Märkte nur einen Bruchteil der gesamten Rohstoffnachfrage abdecken. Der größte Teil aller Produkte kommt aus Quellen, deren Qualität in keiner Weise zertifiziert wird.

Doch selbst wenn alle bergbaulichen und landwirtschaftlichen Rohstoffe nach den Regeln guter Praxis gewonnen würden, was würde geschehen, wenn die Nachfrage ungesteuert weiter steigen würde? Die Abgrabungen durch Minen und Steinbrüche würden immer mehr Flächen tiefgreifend transformieren; die landwirtschaftlichen Flächen würden sich weiter ausdehnen und natürliche Grasländer, Savannen und Wälder vorwiegend in tropischen Regionen zurückdrängen.

Daher braucht es neben dem Mikromanagement auch ein *Makromanagement* des Ressourcenverbrauchs. Das wird zurzeit noch wesentlich bestimmt von den regulatorischen Rahmensetzungen nationaler Regierungen. Auch die befinden sich in einem beständigen Prozess des Lernens, ob sie wollen oder nicht. Denn die gesellschaftliche Perspektive auf die Dinge verändert sich.

3.2 Die Entwicklung der Umweltpolitik

Im 19. Jahrhundert ging es darum, die hygienische Situation in den Städten zu verbessern. Weil die Leute bereits vor ihrer Haustür durch die Fäkalien stolperten, entschieden die Stadtväter, Spültoiletten einzuführen. Die Straßen wurden sauberer, die Gefahr von Schmierinfektionen geringer, das Problem schwamm jetzt die Flüsse hinunter. Die Verschmutzung war aus dem Nahbereich etwas weiter weggerückt. Immerhin. Die Nährstoffkreisläufe, die bislang dadurch geschlossen wurden, dass der Inhalt der Nachttöpfe in Tonnen gesammelt und mit Fuhrwerken aus der Stadt auf die Felder gefahren wurde, diese Nährstoffkreisläufe waren nun unterbrochen. Es war Justus Liebig, der das frühzeitig erkannt hatte und in der Folge die ersten Versuche zur künstlichen Düngung von Pflanzen durchführte.

In dicht besiedelten Regionen wie dem Ruhrgebiet führte die Ableitung ungereinigter Abwässer in Böden und Bäche zur Verseuchung des Trinkwassers und immer wieder zu Magen-Darm-Krankheiten bis hin zur Cholera. Ende des 19. Jahrhunderts wurde die Emschergenossenschaft gegründet, deren Aufgabe darin bestand, die Abwässer zu fassen und in einen zentralen Abwasserkanal zu leiten, den Fluss Emscher. Das war damals eine gewaltige Organisationsleistung. Die hygienische Situation wurde verbessert. Der Fluss wurde freilich zur Kloake. Später hat man vor seiner Mündung in den Rhein den ganzen Fluss durch Klärwerke geleitet. Heute ist die Emscher wieder renaturiert. Die organisatorischen und technologischen Innovationen, die mit der Emschergenossenschaft verbunden waren, wurden in der Folge in vielen anderen Städten und Regionen übernommen (Abb. 3.1).

Zu Beginn der zweiten Hälfte des 20. Jahrhunderts, als sich die Wirtschaften von den Weltkriegen erholt hatten und das Wirtschaftswunder Gestalt gewann, war der Himmel über der Ruhr schwarz. Stahlwerke, Kokereien, Kohlekraftwerke und viele kleine Verbrennungsanlagen stießen ungefilterte Rußschwaden aus. Dicker Smog lag in einer Glocke über der Region. Viele Menschen litten an Atemwegserkrankungen. Denn die schwefelhaltige Kohle führte zu Schwefeldioxidemissionen, die in der Lunge zu Schwefelsäure reagierten. Zunächst in Nordrhein-Westfalen, dann auch im gesamten Bundesgebiet wurden Vorschriften erlassen, die den Ausstoß von Ruß und Schadstoffen begrenzten. Ein Meilenstein der Umweltgesetzgebung war das Bundes-Immissionsschutzgesetz von 1974. Es verpflichtet die Anlagenbetreiber zum Einsatz des neuesten Stands der Reinigungstechnik. Die Filteranlagen bedeuteten freilich einen zusätzlichen Aufwand. Nicht nur höhere Kosten, sondern auch zusätzliche Materialien, sodass der Ressourcenaufwand der Produktion letztlich stieg. In den vorgelagerten Ketten zur Herstellung der Filteranlagen und Reinigungsmittel kam es jetzt zu zusätzlichen Extraktionen von Erzen und von Steinen und Erden. Bei deren Aufbereitung entstanden an anderen Orten vermehrt Emissionen. Aber der Himmel über der Ruhr war wieder blau. Immerhin.

Und aus einem Teil der Reinigungsmittel, zum Beispiel des Kalks der Entschwefelungsanlagen, wurde jetzt „REA-Gips" gewonnen. Na bitte. Und nicht nur das Gesetz, auch die deutschen Filtertechnologien wurden zum Exportschlager.

Mittlerweile hatte man auch gemerkt, dass die Praxis, sämtliche Abfälle einfach auf große Haufen am Rand der Städte zu werfen, nicht ohne Nebenwirkungen blieb. Giftige Bestandteile sickerten ins Grundwasser. Das Abfallgesetz von 1982 schrieb daher vor, dass Abfalldeponien entsprechend abzudichten waren. Die Abfälle wanderten weiter auf Deponien, die Berge wuchsen, mit ihnen der Aufwand, sie dicht zu be-

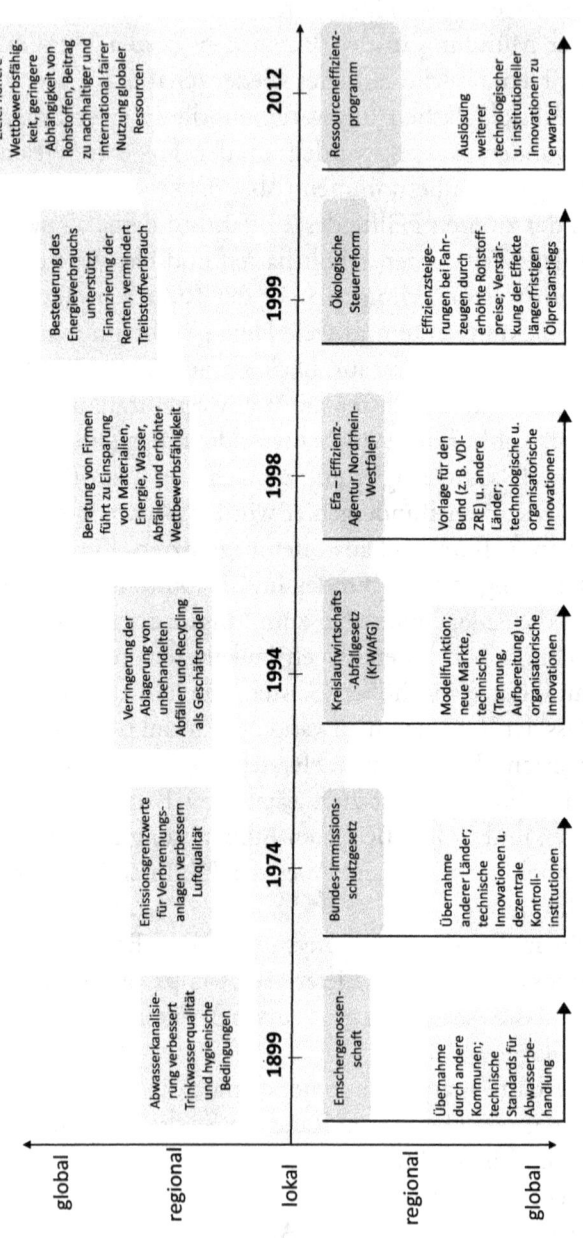

Abb. 3.1 Entwicklung der Umweltpolitik zur Ressourcenpolitik, von der lokalen bis zur globalen Wirkung

kommen. Es musste Klaus Töpfer Umweltminister werden, um den Gedanken in gesetzliche Form zu gießen, dass Abfälle auch verwertet werden können, und das Abfall-Kreislaufwirtschaftsgesetz wurde 1994 aus der Taufe gehoben. Heute heißt es nur noch Kreislaufwirtschaftsgesetz, da es eigentlich keine Abfälle mehr geben und alles verwertet werden soll. Es entstand eine milliardenschwere Industrie. Immerhin. Da auch die Abfallvermeidung als erste Priorität definiert worden war, gerieten jetzt die Prozessketten in den Blick, die vor der Abfallentstehung lagen. Mit der wirklichen Vermeidung von Abfall tat man sich freilich immer noch ziemlich schwer und auch heute noch meinen viele, dass diese mit Recycling gleichzusetzen sei. Recycling funktioniert aber nur so lange, wie Abfall entsteht. Und so fummelte man weiter am hinteren Ende des gesellschaftlichen Stoffwechsels herum.

Zu Beginn der 1990er-Jahre wurden die Rufe von Wissenschaftlern lauter, die auf einen einfachen wie grundlegenden Umstand hinwiesen. Solange man vorne unvermindert etwas reinsteckt, muss es früher oder später hinten wieder rauskommen. Das gilt auch für die Wirtschaft als Badewanne. Friedrich Schmidt-Bleek war einer dieser frühen Rufer, Ernst Ulrich von Weizsäcker stieß bald ins gleiche Horn. Ihre Botschaft war, weniger Ressourcen für weiter steigenden Wohlstand einzusetzen. Mit anderen Worten den materiellen Ressourcenverbrauch vom Wirtschaftswachstum abzukoppeln. Dies wurde in Studien wie „Zukunftsfähiges Deutschland" von 1996 aufgegriffen und mit konkreten Zielwerten für die Energie- und Materialproduktivität unterlegt. Diese Indikatoren fanden sich – mit etwas weniger anspruchsvollen Zielwerten, aber immerhin – 1998 im Umweltpolitischen Schwerpunktprogramm wieder, das Frau Merkel als Umweltministerin in Auftrag gegeben hatte. Als dann zehn Jahre nach der Rio-Konferenz auch Deutschland 2002 seine erste Nachhaltigkeitsstrategie verabschiedete, waren beide Indikatoren mit ihren Faktor-2-Zielwerten dabei.

Welch eine fantastische Erweiterung des Horizonts. Vom Dreck vor der eigenen Haustür und der Luft zum Atmen über die Abfallberge vor der Stadt nun bis zur Verantwortung globaler Ressourceninanspruchnahme. Es hat über hundert Jahre gedauert. Aber immerhin.

Mittlerweile haben einige Unternehmen verstanden, dass höhere Ressourceneffizienz mit geringeren Kosten verbunden ist und sich die

Wettbewerbsfähigkeit dadurch steigern lässt. Der Lernprozess hält an. Um ihn zu unterstützen, wurden Institutionen wie die Effizienzagentur in NRW gegründet. Sie berät bereits seit 1998 Firmen dabei, wie sie Energie, Abfall, (Ab-)Wasser und Rohstoffe einsparen können. Auf Bundesebene gibt es das VDI Zentrum für Ressourceneffizienz, bei dem für verschiedene Branchen zugeschnittene Informationen abgerufen werden können und sich Manager, Betriebsleiter und ihre Beauftragten weiterbilden lassen können.

Das deutsche Ressourceneffizienzprogramm (kurz ProgRess)[1] wurde 2012 aufgelegt. In Vierjahresschritten wurde es erweitert. Dieses ressortübergreifende Politikprogramm soll die Abkoppelung von Ressourcenverbrauch und Wohlstand beschleunigen. ProgRess soll „ökologische Notwendigkeiten mit ökonomischen Chancen, Innovationsorientierung und sozialer Verantwortung verbinden". Die globale Verantwortung soll „zentrale Orientierung unserer nationalen Ressourcenpolitik" sein. Die deutsche Wirtschaft soll „unabhängiger von Rohstoffimporten" werden und nachhaltige Ressourcennutzung soll durch eine gesellschaftliche „Orientierung auf qualitatives Wachstum" gesichert werden.

ProgRess II hatte den schmalbrüstigen Indikator der Rohstoffproduktivität ergänzt durch die gesamte Rohstoffproduktivität, bei der auch die Vorleistungen der Rohstoffe von Importen mit einbezogen werden. Immerhin. Als Ziel wurde jedoch nur eine unverbindliche Projektion laufender Trends anvisiert. Das ist die schwächste Form politischer Gestaltungskraft. Alles einfach weiterlaufen lassen. Nur nicht anspruchsvoll werden. Da man in der Zwischenzeit gemerkt hatte, dass man das 1998 vom Merkel-Ministerium vorgegebene Faktor-2-Ziel für die Rohstoffproduktivität bis 2020 nicht erreichen konnte, hat man es bei der Neuauflage der deutschen Nachhaltigkeitsstrategie 2016 schlicht unter den Tisch fallen lassen. Politik ist die Politik des Machbaren, manchmal schaut sie nur zu.

Dabei waren die Verantwortlichen im Umweltministerium, die ProgRess weiterentwickelt haben, Reinhard Kaiser und sein Team, sehr flei-

---

[1] Bundesministerium für Umwelt, Naturschutz, nukleare Sicherheit und Verbraucherschutz: Überblick zum Deutschen Ressourceneffizienzprogramm (ProgRess). https://www.bmuv.de/themen/wasser-ressourcen-abfall/ressourceneffizienz/deutsches-ressourceneffizienzprogramm [Zugang 7. April 2022].

ßig gewesen und haben mit ProgRess II und III ein wirklich umfassendes Programm auf den Weg gebracht. Bei genauerer Betrachtung haben sie es wohl mit äußerster Kraft in den Startblock der nächsten Runde geschafft, aber beim Laufen ist dem Paket wohl dann die Puste ausgegangen. Denn um in Fahrt zu kommen, müssten sehr viele Akteure den Karren voranbringen. Und die müssten alle in die gleiche Richtung ziehen. Aber genau daran scheint es zu hapern.

Für den Klimaschutz hat man mittlerweile ein konkretes Handlungsziel formuliert. Bis zur Mitte des Jahrhunderts soll Deutschland klimaneutral werden. Das bedeutet, dass netto keine Treibhausgasemissionen in die Atmosphäre abgegeben werden sollen. Es gab einige irritierende Stellungnahmen, die offenbar von Industrielobbys lanciert wurden, wonach im Baubereich die bestehende Art und Weise, Gebäude zu erstellen, als klimaneutral bezeichnet wurde, aber das ist natürlich schierer Unsinn. Um zur Netto-Null-Emission zu gelangen, müssen alle fossil basierten Kohlenstoffdioxidfreisetzungen bei der Herstellung, bei der Nutzung und beim Rückbau von Gebäuden drastisch vermindert werden. Das geht nur mit neuen Ansätzen, smarten Technologien und systembasierter Planung.

Vor allem muss dazu der Einsatz von Materialien und stofflichen Ressourcen effizienter werden. Klimagase lassen sich nur vermeiden, wenn weniger Materialien und Primärrohstoffe eingesetzt werden. Jede Tonne Zement ist bei ihrer Herstellung bislang mit einer halben Tonne Treibhausgasemission verbunden.[2] Die Zementproduktion stieß 2020 ca. 8 % der weltweiten Klimagasemissionen aus.[3] Die Stahlproduktion trug zwischen 7 % und 9 % bei.[4] Jede Tonne Stahl emittiert im Schnitt 1,85 Tonnen Treibhausgase. Diese Emissionen sind im Wesentlichen mit dem Energieaufwand der Aufbereitung der Primärrohstoffe, Kalkstein bzw. Eisenerz, verbunden. Klimaschutz funktioniert nur in Kombination mit Ressourceneffizienz.

---

[2] IEA: Cement. https://www.iea.org/reports/cement [Zugang 9. April 2022].
[3] Ebenda und Center for Climate and Energy Solutions zu weltweiten Emissionen: https://www.c2es.org/content/international-emissions/ [Zugang 9. April 2022].
[4] World Steel Association: Climate change and the production of iron and steel. https://worldsteel.org/publications/policy-papers/climate-change-policy-paper/ [Zugang 9. April 2022].

Daher brauchen wir auch konkrete Ziele für einen zukunftsfähigen Ressourcenverbrauch. Es geht um eine risikoarme und zugleich faire Ressourcennutzung weltweit. Eigentlich ganz ähnlich wie beim Klimaschutz und doch anders. Eine Tonne Kohlenstoffdioxid, die an einem Ort in die Luft gepustet wird, kann ganz verschiedene Wirkungen an anderen Orten haben, ohne dass wir genau wissen, wann genau es wo zu einer Überschwemmung oder zu großer Trockenheit kommen wird. Eine Tonne eines Rohstoffs, der an einem Ort aus der Erde gebuddelt wird, kann dort ganz verschiedene Wirkungen auf Ökosysteme haben. Das kann vor Ort genau bestimmt werden. Da wir aber verschiedene Rohstoffe von unterschiedlichen Orten für sehr viele Produkte aufwenden, ist damit ein ganzes Bündel verschiedener Umweltbelastungen verbunden. Auch wenn wir nicht genau wissen, woher die Rohstoffe kommen, müssen wir davon ausgehen, dass unser Verbrauch die Größenordnung der verschiedenen Umweltwirkungen bestimmt.

Daher brauchen wir Orientierungswerte für eine nachhaltige Ressourcennutzung. Und zwar in absoluten Werten, nicht nur ein Verhältnis von Ressourcenaufwand und Wertschöpfung. Letzteres kann allenfalls eine relative Verbesserung aufzeigen, immerhin. Aber eine Erhöhung der Ressourcenproduktivität sagt nichts darüber aus, ob ein nachhaltiges Niveau der Ressourcennutzung erreicht worden ist.

Weil die Ressourcennutzung international fair gestaltet werden soll, bietet sich eine Pro-Person-Zumessung an. Das entspräche dem Prinzip der intragenerativen Gerechtigkeit.

Wobei zu beachten ist, dass Ziele des Ressourceneinsatzes sich auf den Endverbrauch von Produkten und Dienstleistungen beziehen sollten. Der Grund hierfür ist eigentlich ganz einfach. Länder sind unterschiedlich groß und mit unterschiedlich vielen natürlichen Ressourcen ausgestattet. Es würde keinen Sinn machen, Pro-Kopf-Zielwerte bezogen auf die landwirtschaftliche oder bergbauliche Produktion eines Landes zu beziehen. Auch künftig werden die großen Flächenländer die kleineren mit Rohstoffen versorgen müssen. Ohne internationalen Handel wird es nicht gehen, da die naturgegebenen Unterschiede produktionsseitig bestehen bleiben. Anders sieht es auf der Konsumseite aus. Denn hier gleichen sich die Muster weltweit immer mehr an. Mit zunehmendem Wohlstand konsumieren die Menschen in den sich entwickelnden Ländern in konvergenter Weise. Und es wäre nicht fair, ihnen das vorenthalten zu wollen. Daher sollten sich Ziele einer nachhaltigen Ressourcennutzung am Aufwand für den finalen Konsum von Gütern orientieren. Es sind der Kauf von Autos, Häusern und Goldkettchen, die Lieferung von Laptops, Pizzas und Krabbencocktails, die insgesamt den Ressourcenverbrauch eines Landes bestimmen. Die Summe der Fußabdrücke jedes Produktes, das konsumiert wird, ergibt den Fußabdruck des Verbrauchs eines Landes. Die Summe der Fußabdrücke aller Länder bestimmt die weltweite Ressourcenextraktion. Es geht also nicht darum, den Menschen vorzuschreiben, wie viele von den genannten Produkten sie kaufen dürfen, sondern darum, Grenzen für den Gesamtaufwand an Ressourcen einzuziehen, die mit der Herstellung aller Güter verbunden sind, die wir am Ende konsumieren. Ob diese Grenzen dann dadurch eingehalten werden, dass die Waren ressourceneffizienter produziert werden, oder indem die Kunden weniger ressourcenintensive Güter nachfragen, wird damit nicht vorgegeben. Beides ist möglich und jeweils durch eine Palette verschiedener Optionen umsetzbar. Aber zunächst braucht man eine solche Latte zur Bemessung des Verbrauchs.

Ein *Makromanagement* des Ressourcenverbrauchs kann die bestehenden Governance-Strukturen der Länder nutzen. Deren regulativer Rahmen setzt letztlich die Anreize, durch die nicht nur Anforderungen an die Produktion gestellt werden (wir erinnern uns an das BImSchG), sondern auch an den Verbrauch von Gütern. So hatte man den Energieverbrauch über die ökologische Steuerreform unattraktiver gemacht und Instrumente wie der Blaue Engel geben den Konsumierenden Informationen über weniger umweltbelastende Kaufoptionen.

Diese nationalen Rahmensetzungen könnten wenn nötig nachjustiert werden. Ob es nötig wäre, könnte mit Leitindikatoren beurteilt werden, die über die Ressourcen- und Klimafußabdrücke des Landes informieren (Abb. 3.2).

Als Bewertungsmaßstab können die sogenannten planetaren Grenzen und ihre Erweiterungen herangezogen werden. Ausgangspunkt ist eine wissensbasierte Eingrenzung, wie viele Ressourcen weltweit nachhaltig genutzt werden können. Diese Werte können dann pro Person für ausgewählte Zieljahre als Handlungsziele definiert, mit den gesellschaftlichen Gruppen diskutiert und über die politischen Gremien vereinbart

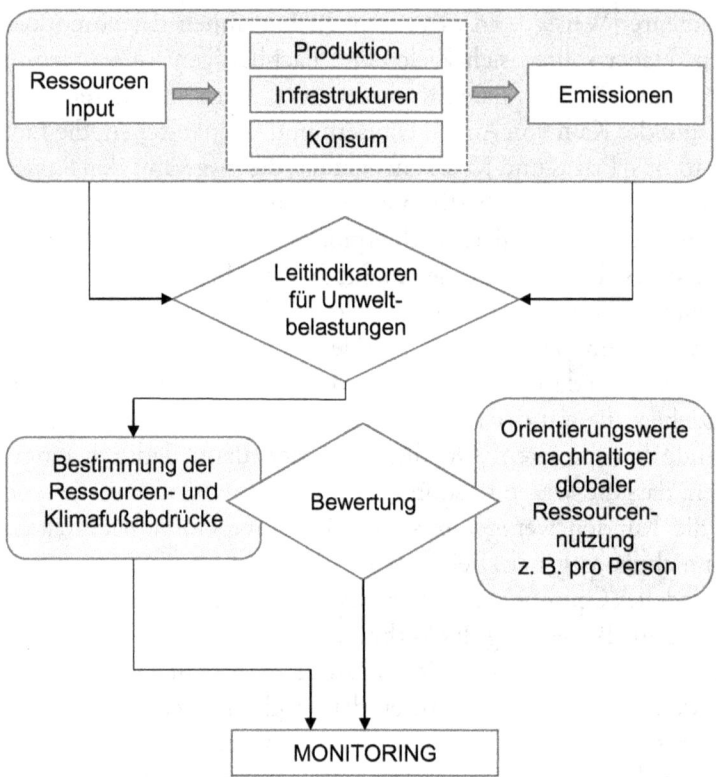

Abb. 3.2 Das Monitoring der Ressourcen- und Klimafußabdrücke lässt erkennen, ob Produktion, Konsum und Infrastrukturen eines Landes global kritische Schwellen überschreiten (nach Egenolf, V., Bringezu, S. (2019): Conceptualization of an Indicator System for Assessing the Sustainability of the Bioeconomy. Sustainability 11: 443)

werden. Genau wie bei den Klimazielen, aber möglichst schneller. Hat man erst einmal absolute Zielwerte vereinbart, kann der Fortschritt über das Monitoring der Ressourcen- und Klimafußabdrücke verfolgt werden. Übersteigen die Fußabdrücke die Zielwerte, muss der regulative Rahmen überprüft und entsprechend angepasst werden.

Ohne Zielansprache laufen wir in die Irre, ohne verbindliche Zielvereinbarungen und ihre Umsetzungen unterbleiben Maßnahmen, widersprechen sich und bleiben vor allem wirkungslos.

3.3 Nachhaltigkeitspolitik im globalen Maßstab

Mit den Nachhaltigkeitszielen der Vereinten Nationen (VN) in der Agenda 2030 – im Jargon kurz *SDGs, Sustainable Development Goals*, genannt – wurde ein Meilenstein internationaler Politik erreicht. In einem mehrjährigen Prozess haben sich zahlreiche Akteure, Regierungen und Interessengruppen auf eine Zukunftsperspektive verständigt, die auf 15 Jahre bezogen deutlich über die eher kurzlebigen Amtsperioden parlamentarisch gewählter Koalitionen hinausgeht. Die 17 Ziele umfassen eine breite Palette sozialer, ökonomischer und ökologischer Anforderungen zukunftsfähiger Entwicklung. Die Ziele sind freilich recht allgemein formuliert, werden allerdings durch Indikatoren zur Messung des Fortschritts unterlegt. Diese sind wiederum so zahlreich – in der Startliste über 160 Parameter –, dass es schwerfällt, die Übersicht zu behalten. Hierzu müssten Leitindikatoren benannt werden. Auch fehlen konkrete Zielwerte für die einzelnen Indikatoren.

Nichtsdestoweniger benennen die SDGs den Materialfußabdruck bereits als wichtigen Indikator zur Steigerung der globalen Ressourceneffizienz in der Wirtschaft (SDG 8.4) und zur Messung von Fortschritten in Richtung nachhaltigen Produzierens und Konsumierens (SDG 12.2). Dabei soll der Materialfußabdruck nicht nur in Bezug zur Wirtschaftsleistung gesetzt werden, um die Abkoppelung von Rohstoffverbrauch und Bruttoinlandsprodukt zu verfolgen. Es sollen auch absolute Werte pro Person ermittelt und ausgewiesen werden.

Auch die Kreislaufwirtschaft wird bedacht, deren Prinzipien angesprochen werden: Vermeidung, Verminderung, Wiederverwendung und Recycling. Aber bei der Nennung von Indikatoren in diesem Bereich ist man noch nicht sehr weit gekommen. „Nationale Recyclingraten" sind gar nicht so einfach zu bestimmen, je nachdem, ob auch industrieinternes Recycling gezählt wird, kommt man zu sehr unterschiedlichen Ergebnissen. Und allein Tonnen rezykliertes Material zu zählen, hat wenig Informationsgehalt, wenn nicht auch der Anteil des rezyklierten Materials im Gesamtinput der Wirtschaft berichtet wird. Aber das Themenfeld wurde beschritten. Immerhin.

Was freilich fehlt, ist eine systemorientierte Betrachtung des globalen Ressourcenverbrauchs. Zwar werden SDGs formuliert, die eine ausreichende Verfügbarkeit von sauberem Wasser und preiswerter erneuerbarer Energie einfordern. Aber was das für Konsequenzen für den Verbrauch und die Verschmutzung von Wasser und für den Aufwand an Rohstoffen und Fläche für die Erzeugung regenerativen Stroms zur Folge hat oder haben dürfte, bleibt offen. Bei der Zielbestimmung des erstrebten Zustands der Natur ist man sich einig, dass das Leben an Land und in Gewässern geschützt, die Biodiversität erhalten bleiben soll. Aber welche Anforderungen sich daraus an die Flächennutzung ergeben, wird nicht weiter konkretisiert.

Wir brauchen ein *Weltbudget mit Eckwerten für die nachhaltige Nutzung der globalen Ressourcen*. Und ein Monitoring, bei dem die roten Lampen anspringen, wenn die kritischen Schwellen überschritten werden. Ohne solche Warnleuchten laufen wir Gefahr, dass das Kreuzfahrtschiff, mit dem wir uns auf der fröhlichen Reise in die Zukunft befinden, auf Grund gerät, oder wie die für unsinkbar geltende Titanic mit einem nicht rechtzeitig wahrgenommenen Hindernis kollidiert und untergeht. Auch ohne großen Knall, in geradezu unheimlicher Stille, verliert die Arche unserer Kontinente und Meere bereits täglich 2 bis 20 Arten.[5] Die meisten Verluste geschehen durch Ausdehnung von Agrarflächen auf Kosten natürlicher Ökosysteme. Der Klimawandel tut ein Übriges.

Ein Anfang ist gemacht. Das Pariser Klimaabkommen hat das Ziel formuliert, die Erderwärmung auf 1,5 °C zu begrenzen. Bekannt ist auch, dass dieses Ziel des Zustands der Atmosphäre nur erreicht werden kann, wenn die entscheidenden Belastungsfaktoren, die Treibhausgasemissionen, vermindert werden. Mittlerweile merkt man, dass es dazu verstärkter Anstrengungen bedarf. Die Verbindung zum täglichen Produktkauf und seines Ressourcenaufwandes ist noch nicht so richtig ins allgemeine Bewusstsein gesickert. Aber Klimapolitik ist auf den Agen-

---

[5] Die Schätzungen schwanken. Paläontologen schätzen die historische Aussterberate – vor dem Einfluss des Menschen – auf 1 Art pro 1 Million Spezies pro Jahr. Schätzungen haben ergeben, dass der Mensch die Aussterberate von Pflanzen- und Tierarten um das 100- bis 1000-Fache erhöht hat (Smithsonian National Museum of Natural History: https://naturalhistory.si.edu/education/teaching-resources/paleontology/extinction-over-time) [Zugang 4. Nov. 2021]. Ausgehend von 8 Millionen Spezies entspräche dies 2 bis 20 Arten, die täglich ausgerottet werden.

den der Parteien angelangt. Immer mehr Regierungen werden langsam aktiv. Immerhin.

Das Pariser Klimaschutzabkommen von 2015 ist eine Zwischenplattform bei der Ersteigung des Eiffelturms internationaler Zukunftsdiplomatie. Seine Fundamente liegen in der Klimarahmenkonvention der Vereinten Nationen (engl. United Nations Framework Convention on Climate Change, UNFCCC). Die wurde bereits 1992 in Rio de Janeiro unterzeichnet. 1997 wurde in Kyoto ein Protokoll vereinbart, in dem sich Industriestaaten zu einer Minderung ihrer Klimagasemissionen verpflichteten. Fast 20 Jahre mussten vergehen bis Paris. Aber immerhin.

Beim Erdgipfel in Rio 1992 war eine weitere wichtige UN-Konvention beschlossen worden: das Übereinkommen über die biologische Vielfalt (engl. Convention on Biological Diversity, CBD). Sein Hauptziel besteht darin, die Biodiversität der Ökosysteme zu erhalten, die Lebewesen in den Laub- und Nadelwäldern, in den Savannen und Steppen, in Halbwüsten und Wüsten, in alpinen Zonen und Küstengebieten, in Flüssen und Seen und in den Meeren der Welt. Es geht um die Vielfalt der Arten, lateinisch „species",[6] mit ganz verschiedenen Lebensformen. Von Einzellern bis staatenbildende Insekten. Es geht um Pflanzen, Tiere, Pilze, selbst Bakterien, ohne die funktionierende Nahrungsketten und Nährstoffkreisläufe nicht möglich wären. Es besteht in der Wissenschaft weitgehend Einigkeit darüber, dass die Stabilität von Ökosystemen gegenüber zerstörerischen Ereignissen, Bränden, Überflutung, Trockenheiten usw. mit der Anzahl von Arten steigt, die dort leben. Auch die Dienstleistungen der Natur für den Menschen hängen von funktionierenden natürlichen Ökosystemen ab. Wälder speichern Regenwasser und geben es in eher gleichmäßigem Strom an die Flüsse ab. Sie verdunsten ebenso wie Wiesen und Gärten einen erheblichen Teil des Niederschlags und dämpfen so Temperaturextreme. Unsere Nahrungsmittel stammen von bewirtschafteten Flächen, auf denen nur etwas wächst, weil natürliche Prozesse, die Aufnahme von Wasser und Nährstoffen in den Wurzeln, die Fotosynthese und Wasserabgabe in den Blättern, von den Landwirten genutzt werden. Allerdings nur für sehr wenige Pflanzenspezies. Die „Wildpflanzen", die ohne Pflügen und Pestizide auf diesen Flächen ge-

---

[6] Eingedeutscht „Spezies".

deihen würden, wären andere und sie wären viel zahlreicher. Die Domestizierung der Natur in der Landwirtschaft und häufig auch in der Forstwirtschaft hat eine möglichst hohe Produktivität zum Ziel, während die Biodiversität immer wieder auf der Strecke bleibt.

Das sogenannte *Millennium Ecosystem Assessment* veröffentlichte 2005 die erste umfassende Bestandsaufnahme der weltweiten Biodiversität. Auch die Hauptursachen für den Artenverlust wurden klar benannt. An erster Stelle wurde die Ausdehnung der Agrarflächen und damit verbundene Verdrängung von Wäldern, Savannen und Grasländern ausgemacht, die vor allem in tropischen Regionen zu einem enormen Artenverlust führt. Zur gleichen Erkenntnis kam der Weltbiodiversitätsrat (engl. *Intergovernmental Platform on Biodiversity and Ecosystem Services, IPBES*), den man 2010 eingerichtet hatte, quasi als Pendant zum Weltklimarat. In seinem *Global Assessment Report*[7] von 2019 hat er bestätigt, dass viele Arten vom Aussterben bedroht sind und dass menschliches Handeln dafür verantwortlich ist. Insbesondere die Umwandlung natürlicher Lebensräume durch Agrarflächen, Holzplantagen und die Ausdehnung von Städten und Verkehrswegen führen zum Artensterben. Es sollte nicht übersehen werden, dass die Gefahr dabei nicht im Verlust einzelner Spezies liegt (wenngleich jede Art sicher auch ihre Daseinsberechtigung hat), sondern in der Gefährdung der Funktionen vielfältiger Ökosysteme, von denen auch das Überleben von Menschen in unterschiedlicher Weise abhängt.

Die bisherige Strategie des Artenschutzes setzt auf die Ausweisung von Schutzgebieten, in denen menschliche Aktivitäten teilweise oder ganz verboten werden. Angefangen vom Landschaftsschutzgebiet bis zum Nationalpark. Ein ganzer Kontinent wurde bereits unter Schutz gestellt. Mit dem Antarktisvertrag von 1959 haben sich einflussreiche Länder der Welt verpflichtet, ihre Rohstoffe nicht auszubeuten. Das Anliegen war jedoch weniger der Naturschutz. Zwar wurde verlautbart, dass das ökologische Gleichgewicht in der Antarktis gewahrt bleiben solle. Doch das Hauptanliegen, nur 14 Jahre nach dem Zweiten Weltkrieg, war es, mili-

---

[7] IPBES (2019): Global Assessment Report on Biodiversity and Ecosystem Services. https://www.un.org/sustainabledevelopment/blog/2019/05/nature-decline-unprecedented-report/ [Zugang 4. Nov. 2021].

tärische Übungen und Rohstoffextraktionen für Waffen zu unterbinden. Daher soll die Antarktis nur für friedliche und wissenschaftliche Zwecke genutzt werden. Immerhin.

Während die Naturschutzvorgaben in Ländern wie Deutschland strikt befolgt werden, ist das anderswo keineswegs garantiert. In Brasilien gibt es Vorschriften zum Schutz des Regenwaldes und biodiversitätsreicher Landschaften. Es gibt sogar Institutionen, die deren Einhaltung kontrollieren. Doch die Kontrolleure kommen häufig zu spät, die illegalen Holzfäller sind gut ausgerüstet und vor allem viel zahlreicher. Die Großgrundbesitzer, die ihre Soja- und Zuckerrohrplantagen über den Horizont hinaus ausdehnen, scheren sich vielfach nicht um No-Go-Markierungen. Seit in Brasilien ein Präsident wie Bolsonaro im Amt ist, werden Naturschutzvorgaben zurückgenommen und bestehende werden missachtet. Um an wertvolle Hölzer heranzukommen, Anbau- und Weideflächen zu erschließen, werden großflächige Brände gelegt, um die indigenen Völker zu vertreiben, die sich bislang um ihren Lebensraum gekümmert haben.

Ähnliche Szenen spielen sich in Indonesien ab. Dort geht es um die Ausdehnung von Ölpalmplantagen. Das erste Geschäft wird mit der illegalen Abholzung des Gebiets gemacht. Das zweite mit den Ölpalmen. Weichen müssen der Urwald, die Indigenen und der Orang-Utan. Bilder des vertriebenen Menschenaffen führen im Westen zu größerer Betroffenheit als die Meldungen von den vertriebenen Menschen.

Interpol schätzt den illegalen Einschlag von Holz auf 15–30 % der Weltproduktion.[8] In vielen tropischen Ländern macht der kriminelle Raubbau 50–90 % aus. Der Handel mit dem illegal geschlagenen Holz bringt 51–152 Milliarden Dollar ein. Jedes Jahr.

Doch warum das alles? Das wertvolle Tropenholz wird nicht so sehr in Brasilien oder Indonesien genutzt, wo es eingeschlagen wird. Soja und Palmöl werden nur zum geringen Teil in ihren Anbauländern benötigt. Sie werden wie Zuckerrohr zu Lebens-, Futtermitteln und zu Biotreibstoffen verarbeitet, die in wachsendem Umfang in anderen Ländern verbraucht werden. Es ist die Nachfrage in den reichen Ländern, die es für Firmen und Campesinos attraktiv macht, sich über die Regeln im eige-

---

[8] Interpol (2019): Global forestry enforcement. Strengthening law enforcement cooperation against forest crime. Lyon.

nen Land hinwegzusetzen. Die Kriminalität bei Landnutzung und Vertreibung in jenen Ländern wird nicht nur erleichtert durch die Gier korrupter Beamter. Sie wird ursächlich angeheizt von dem Bündel an Geldscheinen, mit denen die Aufkäufer von Rohstoffen in Ländern wie Deutschland winken. Und die werden versorgt durch alle jene, die in Baumärkten schicke Gartenmöbel und Paneele für die Terrasse kaufen und auf dem Weg dorthin an der Tankstelle mal kurz Diesel und E10 tanken.

Es sind die Produktions- und Konsummuster in den Verbraucherländern, die die Flächentransformation auf dem Planeten entscheidend vorantreiben. Daher braucht es Informations- und Kontrollsysteme, die verhindern, dass der Konsum von Produkten mehr globale Ressourcen verbraucht als zukunftsfähig geerntet oder gewonnen werden können.

Eine wichtige Rolle dabei können Zielwerte spielen, die solche Schwellen nachhaltiger Ressourcennutzung – wie bei den Klimazielen – angeben. Nun gibt es erste Ziele, die seitens der Wissenschaft vorgeschlagen wurden, die sogenannten planetaren Grenzen. Im Hinblick auf die Nutzung natürlicher Ressourcen bleibt man bislang dennoch eher ratlos. Denn diese Ziele beziehen sich zumeist auf den Zustand der Erdsysteme. So wird gefordert, dass die natürlichen Wälder in den verschiedenen Vegetationszonen zu bestimmten Anteilen erhalten bleiben sollen.[9] Das Problem ist, wie wir gesehen haben, aber, dass die Ursachen für den Rückgang der Wälder nicht dort zu finden sind. Die treibenden Kräfte liegen zum Beispiel in der Nachfrage nach Holzprodukten und Biokraftstoffen, die den Bezug von Rohstoffen erfordern, wodurch wiederum die Ausdehnung von Agrarfläche und illegales Abholzen gefördert werden.

Es fehlt an *Handlungszielen* (auch „Managementziele" genannt), um jene Zustandsziele erreichen zu können. Diese Handlungsziele müssen von den Akteuren erreichbar sein. Das bedeutet, dass sie mit Indikatoren bemessen werden, die eine direkte Verknüpfung mit ihren Entscheidungen erlauben. Wenn Unternehmen über die Klima- und Ressourcenfußabdrücke ihrer Bezüge Bescheid wissen, dann können sie ihren Einkauf klima- und ressourcenschonender gestalten. Wenn für ihre Branche

---

[9] Steffen, W. et al. (2015): Planetary boundaries: Guiding human development on a changing planet. Science 2015, doi: 10.1126/science.1259855.

Globalziele für den Ressourcenverbrauch ebenso wie für Treibhausgasemissionen vorgegeben werden, können die Unternehmen ihren Beitrag dazu belegen – wenn ihre Monitoring- und Controllingsysteme diese Werte ermitteln. Haushalte können sich heute bereits online über die Klima-[10] und Ressourcenfußabdrücke[11] ihres Konsums schlau machen. Auch die öffentliche Hand spielt als Nachfragerin eine wichtige Rolle und könnte den Ausweis von Klima- und Ressourcenfußabdrücken in den bezogenen Gütern verbindlich vorschreiben. Letztlich entscheidend ist freilich, dass in den Regalen der Supermärkte und Baumärkte, von Baufirmen und Mobilitätsunternehmen auch entsprechende Alternativen angeboten werden. Viele große Unternehmen haben sich bereits auf den Weg gemacht und prüfen verschiedene Methoden, um ihre umweltbezogenen Fußabdrücke zu verringern. So testen Lebensmittelketten die Methoden zur Verfolgung ihres Biodiversitätsfußabdrucks.[12]

Die Ziele und ihre Messgrößen müssen auf verschiedenen Handlungsebenen anwendbar sein. Nur so lassen sich Ziele von der globalen über die nationale Ebene auf der lokalen Ebene umsetzen. Bei Klimagasemissionen ist das bereits gängige Praxis. Diese werden in CO_2-Äquivalenten gemessen, die für Heizungsanlagen und Autos wie für Firmen, Branchen und ganze Volkswirtschaften angegeben werden. In gleicher Weise ließen sich die Ressourcenfußabdrücke – für Materialien, Land, Wasser – ausweisen.

Wenn es zur Zielansprache kommt, möchten die Akteure natürlich wissen, welcher Beitrag zur Zielerreichung ihnen zukommt. Und sie erwarten selbstverständlich, dass die Zuteilung in fairer Weise erfolgt. Wenn man sich näher mit der Frage befasst, welche Verteilung globaler Grenzwerte auf die verschiedenen Akteure gerecht ist, stellt man fest, dass es darauf keine einzig richtige Antwort gibt. Denn es gibt verschiedene Aspekte, die letztlich Fairness oder Gerechtigkeit ausmachen. Noch rela-

---

[10] Z. B. Umweltbundesamt: CO_2-Rechner. https://uba.co2-rechner.de/de_DE/, WWF: Klimarechner. https://www.wwf.de/themen-projekte/klima-energie/wwf-klimarechner [Zugang 5. Nov. 2021].
[11] Wuppertal Institut: Mein ökologischer Rucksack. https://ressourcen-rechner.de/ [Zugang 5. Nov. 2021].
[12] Beck-O'Brien, M., Bringezu, S. (2021): Biodiversity Monitoring in Long-Distance Food Supply Chains: Tools, Gaps and Needs to Meet Business Requirements and Sustainability Goals. Sustainability 2021, 13, 8536.

tiv einfach ist es, wenn Klima- und Ressourcenfußabdrücke zwischen Ländern aufzuteilen sind. Der Gleichbehandlungsgrundsatz legt nahe, allen Menschen das gleiche Recht an Klimabelastung und Ressourcenverbrauch zuzugestehen. Das wird über eine Bemessung pro Person umgesetzt, die insbesondere bei konsumbezogener Perspektive Sinn macht. Die Schwellenwerte für die Fußabdrücke ganzer Länder würden sich dann aus dem Globalziel und der Zahl der Einwohner ergeben. Nur das Zieljahr wäre noch festzulegen.

Schon werden Stimmen laut, dass reiche und arme Länder von unterschiedlichen Gegebenheiten ausgehen. Die einen haben eine weitgehend ausgebaute Infrastruktur, die anderen müssen funktionierende Strukturen großenteils noch aufbauen. Ärmere Länder hätten eventuell auch ein Recht, das nachzuholen, was die reichen Länder vor ihnen an globalen Ressourcen schon verbraucht haben. Und außerdem hätten sie geringere Kapazitäten als die reichen, um Ressourceneffizienz und Klimaschutz umzusetzen. Auf der anderen Seite wäre gerade in den ärmeren Ländern die Chance höher, nicht die Fehler anderer Länder nachzumachen, die Phasen der Dinosauriertechnologien zu überspringen und schneller zu zukunftsfähigen Lösungen für ein gutes Leben zu gelangen. Wir sehen, dass es gar nicht so einfach ist, zu einer rundum fairen Bewertung zu kommen. Bei der Umsetzung der globalen Klimaziele konnten in verschiedenen Verhandlungsprozessen Zielwerte für Länder definiert werden, die wiederum in den jeweiligen Ländern zu Verhandlungen mit Wirtschaftssektoren geführt haben. In gleicher Weise könnte das bei einem globalen Ressourcenbudget geschehen.

An dieser Stelle ist gleichwohl Vorsicht geboten. Denn die Ziele für einen globalen Ressourcenverbrauch sollten in die richtige Richtung führen, ohne Problemverlagerungen auszulösen und technologische Innovationen zu behindern. *Richtungssicher* sind Handlungsziele zum Ressourcenverbrauch dann, wenn sie auf Indikatoren basieren, die den Umfang der damit verbundenen Umweltbelastungen widerspiegeln. Es geht nicht um Nachkommastellen, sondern um Größenordnungen. Die Ziele sollten sich auf Ressourcenkategorien beziehen, die nicht zu eng gefasst sind. Beispielsweise hätte es keinen Sinn, globale Verbrauchswerte für Kupfererze festzulegen. Je anspruchsvoller diese würden, desto mehr Substitutionseffekte würden ausgelöst, indem Kupfer zum Beispiel durch

3 Wie wir in eine sichere und faire Zukunft steuern

Aluminium ersetzt würde. Und umgekehrt. Für alle 55 Metalle des Periodensystems globale Ziele des Verbrauchs aufzustellen, würde zudem einen organisatorischen Overkill bedeuten. Vor allem aber wäre es von der Sache her kaum zu rechtfertigen. Denn die Größenordnung von Landschaftsveränderungen, von Rodungen der vorhandenen Vegetation, von Eingriffen in den Wasserhaushalt, von Abraumhalden und Schlammbecken werden bei allen bergbaulich gewonnenen Rohstoffen von der Menge der insgesamt aus der Natur entnommenen Materialien bestimmt. Die Größenordnung dieser „Primärmaterial"-Extraktion ist letztlich für alle mineralischen Rohstoffe ein richtungssicherer Indikator für den Umfang des Bündels verschiedener Umweltbelastungen bei der Rohstoffgewinnung. Diese können verringert werden, wenn die Gesamtextraktion vermindert wird, unabhängig von den jeweiligen Anteilen einzelner Rohstoffe. Ein solcher Indikator wäre auch robust gegenüber Substitutionen. Wenn ein solcher Indikator mit einem Schwellenwert für alle mineralischen Rohstoffextraktionen weltweit versehen würde, wären damit auch Verschiebungen in der Nachfrage von den altetablierten Massenmetallen wie Eisen, Kupfer und Aluminium hin zum vermehrten Einsatz von Spezialmetallen wie seltenen Erden möglich. Entscheidend in der Bewertung wäre der Umfang der gesamten mineralischen Extraktionen.

4
Das Weltbudget natürlicher Ressourcennutzung

Zusammenfassung In diesem Kapitel werden konkrete Zielwerte für die globale nachhaltige Nutzung natürlicher Ressourcen hergeleitet, für biotische und abiotische Rohstoffe und Gesamtextraktionen sowie für Agrarflächen. Es wird erläutert, was das für Deutschland und die EU an Erfordernissen bedeutet und was Unternehmen tun könnten, um ihre Klima- und Ressourcenfußabdrücke zu erfassen und zu vermindern.

Wir brauchen also Managementziele als Mittel, um stabile und sichere Umweltzustände zu erhalten oder wiederherzustellen. Diese Ziele müssen auf die Nutzung natürlicher Ressourcen abzielen, denn der Verbrauch von Rohstoffen für die von uns produzierten und konsumierten Produkte ist der Transmissionsriemen zwischen den menschlichen Aktivitäten und ihren Auswirkungen auf die Umwelt.

Wenn der Gesamtumfang der globalen Ressourcennutzung in sicheren und fairen Grenzen gehalten werden soll, dann brauchen wir ein Budget, das angibt, wie viel wir insgesamt jedes Jahr an Ressourcen für die verschiedenen Zwecke aufwenden können, ohne unsere Lebensgrundlagen zu gefährden. Dieses Weltbudget kann dann auf die Länder, ihre Bewohner und Wirtschaftssektoren verteilt werden.

Wasser, vor allem sauberes Wasser, ist eine immer wichtiger, weil knapper werdende Ressource. Da die Regionen der Welt über sehr unterschiedliche Wasserressourcen verfügen, sollte deren Verfügbarkeit regional bestimmt und nicht überschritten werden. Wasser wird nur zum geringen Teil für Trinkwasserzwecke verwandt. Der größte Teil wird weltweit für die Bewässerung in der Landwirtschaft arider Gebiete aufgewendet, ein weiterer Teil wird bei der Produktion von industriellen Werkstoffen aufgewendet (z. B. der Gewinnung von Lithium oder der Raffination von Kupfer). Große zentrale Kraftwerke brauchen Wasser zur Kühlung. Daher sind es wiederum die Produkte, die insgesamt produziert und nachgefragt werden, welche den Verbrauch von Wasser indirekt mitbestimmen. Ein weiterer Grund, warum man überlegen sollte, welches Niveau an Rohstoffverbrauch nachhaltig aufrechterhalten werden kann.

4.1 Die biotischen Ressourcen

Betrachten wir zunächst die biotischen Rohstoffe (Tab. 4.1). Sie stammen aus Landwirtschaft, Forstwirtschaft und Fischerei. Damit jeder Hektar an Land und auf See sorgsam bewirtschaftet wird, müssen hier die Regeln der guten Praxis angewandt werden. Dazu existieren bereits einschlägige Richtlinien. Deren Einhaltung kann wiederum durch Zertifizierungsverfahren überprüft und belegt werden.

Wie schon erläutert, reicht ein solches Mikromanagement nicht aus, um eine globale Übernutzung natürlicher Systeme zu verhindern. Auch 100 % Ökoanbau würden nicht verhindern können, dass die globale Ackerfläche zulasten von Ökosystemen ausgedehnt würde, wenn die Nachfrage nach Fleisch weltweit weiter stiege und die Menschen weiterhin so viele Lebensmittel wegwerfen würden.

Es wird auch ein Makromanagement gebraucht, bei dem sich Länder darauf verständigen, dass ihre Bevölkerung nicht mehr globale Ressourcen aufwendet, als ihr fairerweise zusteht und der Verbrauch weltweit ein risikoarmes Niveau der Produktion ermöglicht. Ganz ähnlich zu den Emissionsbudgets zum Erreichen der Klimaziele.

4 Das Weltbudget natürlicher Ressourcennutzung

Tab. 4.1 Kriterien und Budgetwerte für eine zukunftsfähige Nutzung biotischer Ressourcen[a]

Biotische Ressourcen aus:	Mikromanagement im primären Sektor	Makromanagement bezogen auf Verarbeitung und finalen Konsum von Produkten	
		Ressourcenspezifisch	Gruppenziel
Landwirtschaft	Wechsel zu nachhaltigen Produktionsweisen (zertifizierter Anteil guter Praxis sollte steigen)	0,20 ha/Person Anbauland in 2030, 0,16 ha/Person in 2050	2 t/Person primäre Biomasse in 2050
Forstwirtschaft		0,4 m³/Person Rohholz (Welt) in 2050, 1,3 m³/Person Rohholz (EU) in 2050	
Fischerei		Fischfangquoten	

[a]Nach Bringezu, S. (2019): Toward Science-Based and Knowledge-Based Targets for Global Sustainable Resource Use. Resources 8, 140, 21 pp

Da die Ausdehnung von Agrarland und dabei insbesondere von Ackerland weltweit am stärksten zum Artenverlust beiträgt, muss diese Ausdehnung gestoppt werden, wenn die Ziele der Biodiversitätskonvention erreicht werden sollen. Es gilt daher, eine Obergrenze des globalen Ackerlands zu bestimmen, bei der immer noch ausreichend Nahrungsmittel für die Weltbevölkerung angebaut werden können und zugleich das Artensterben durch Habitatverluste gestoppt wird. Ein solcher Orientierungswert wurde bereits 2012 vorgeschlagen mit 1,64 Milliarden Hektar weltweitem Anbauland[1] (das bezieht Ackerland ein und permanente Kulturen wie Wein oder Ölpalmplantagen). Bei einer Weltbevölkerung, wie sie im Jahr 2030 zu erwarten ist, ergäbe sich eine Fläche von 2000 m² pro Person (= 0,20 ha), die für den Anbau aller agrarischen Güter zur Verfügung stünde, die im Jahr gekauft würden. Wegen des Bevölkerungswachstums würde sich die Fläche auf etwa 1600 m² pro Person bis 2050 verringern. Da man davon ausgeht, dass dann mit 10 Milliarden Menschen das Maximum auf dem Globus erreicht sein wird, würde diese Fläche bei sorgsamer Bewirtschaftung auch langfristig für jeden Menschen zur Verfügung stehen.

---

[1] Bringezu, S., O'Brien, M., Schütz, H. (2012): Beyond biofuels: Assessing global land use for domestic consumption of biomass – A conceptual and empirical contribution to sustainable management of global resources. Land Use Policy 29 (2012), pp. 224–232.

Diese Fläche würde völlig ausreichen, die Weltbevölkerung gesund zu ernähren. Niemand müsste Hunger leiden. Freilich müssten die ungesunden und verschwenderischen Konsumgewohnheiten in den reichen Ländern abgelöst werden. Anstelle des übermäßigen Fleischkonsums kann mehr pflanzliche Nahrung zu besserer Gesundheit beitragen. Wenn mehr von dem, was gekauft wird, auch tatsächlich gegessen wird, kann ebenfalls mehr Anbaufläche eingespart werden. Auch die Nachfrage nach Non-Food-Biomasse wäre zu hinterfragen und zu begrenzen. Es macht generell wenig Sinn, Solarenergie über Pflanzenbiomasse zu gewinnen. Energiepflanzenanbau sollte daher abgeschafft werden. Nachwachsende Rohstoffe wie Holz sollten zunächst materiell eingesetzt werden und ihre Abfälle können danach energetisch verwertet werden.

Die Nutzung von Holz aus den Wäldern sollte nicht größer sein als die Menge, die jährlich nachwächst. Dies hat 1713 bereits Hans Carl von Carlowitz als Maxime aufgestellt. Er war als Oberberghauptmann für den Holznachschub der Schmelzöfen im sächsischen Erzgebirge verantwortlich, in deren Umkreis kaum noch ein Baum zu finden war. Heute sind die Wälder der deutschen Mittelgebirge eher vom Klimawandel als durch Abholzung bedroht. Die findet hauptsächlich in anderen Regionen statt. Carlowitz' Prinzip sollte nun weltweit Anwendung finden.

Die Wälder der Welt können jährlich etwa 4 Mrd. m³ Holz liefern.[2] In 2050, könnte man also argumentieren, wäre ein Verbrauch von durchschnittlich 0,4 m³ Rohholz[3] pro Person eine angemessene Richtschnur. Andere könnten die Frage aufwerfen, warum Menschen in Wüsten- oder Halbwüstengebieten, in denen keine Wälder wachsen, ebenso viel Holz verwenden sollten wie Menschen in holzreichen Gegenden, in denen der Einsatz von Holz auch kulturell stark verwurzelt ist. Warum sollte man

---

[2] Unter der Annahme, dass vom jährlichen Zuwachs (engl. Net Annual Increment) in Wirtschaftswäldern 80 % und in Plantagen 100 % geerntet werden, während in unter Schutz gestellten Wäldern und Primärwäldern, die etwas mehr als die Hälfte der Gesamtwaldfläche ausmachen, keine Entnahme erfolgt (Beck-O'Brien, M., Egenolf, V., Winter, S., Zahnen, J., Griesshammer, N. (2022). Alles aus Holz – Rohstoff der Zukunft oder kommende Krise; Ansätze zu einer ausgewogenen Bioökonomie. WWF Deutschland. Egenolf, V. et al.: The timber footprint of German bioeconomy scenarios compared to the planetary boundaries for sustainable roundwood supply. InReview).

[3] Auch Primärholz genannt zur Abgrenzung von (Sekundär-)Holz aus Recycling und Kaskadennutzung.

davon ausgehen, dass beispielsweise in Oman, wo es kaum Wald gibt, pro Person genau so viel Holz verbraucht wird wie in Finnland, mit jeder Menge Wald um die Ecke. Dies würde dafür sprechen, weniger eine globale Obergrenze für alle zu definieren, sondern eine zumindest kontinental oder nach bio- und kulturgeografischen Regionen abgestufte Budgetierung vorzunehmen. Dabei sollte aber nicht vergessen werden, dass es nicht um produktions-, sondern um konsumseitig zu interpretierende Verbrauchswerte geht.

Die europäischen Wälder, auch die von Deutschland, zählen weltweit zu den ertragreichsten. Nimmt man deren jährlichen Zuwachs als Grundlage für eine Budgetierung des Verbrauchs in der EU, so kommt man auf einen Wert von etwa 1,3 m^3 Rohholz pro Person als Budget für den Verbrauch holzbasierter Produkte.[4] Die Produktpalette kann dabei sehr divers sein, von der Kiefernholzkommode bis zur Holzdecke, vom Dachstuhl bis zum Parkett. Materialien aus dem Recycling oder der Verwertung von Reststoffen würden dabei gar nicht angerechnet. Beispielsweise Spanplatten aus Altholz oder Holzpellets[5] aus den Sägespänen, die beim Zuschnitt von Balken im Sägewerk anfallen. Es ginge nur um die Budgetierung von Holz, das in bewirtschafteten Wäldern geerntet wird.

Für die Fischerei in Binnengewässern braucht man keine Makrosteuerung. Hier reichen die Regeln guter Praxis. Bei Fischzuchtbetrieben sind eher die Einträge von Nährstoffen aus Rückständen von Futter und Ausscheidungen der Fische ein Problem. Das kriegt man durch Einhaltung von Einleitungsgrenzwerten geregelt. Anders sieht es bei den Weltmeeren aus, die in weiten Teilen überfischt sind. Ohne Fischfangquoten und ihre strikte Kontrolle wird man dieses Problem kaum in den Griff bekommen. Das politische Feilschen an den Verhandlungstischen um Marktanteile wird wohl weitergehen müssen, entscheidend ist, dass die seitens der Wissenschaft ermittelten Obergrenzen für die Befischung der verschiedenen Arten in den Regionen als Referenz dienen. Zertifizierung der Einhaltung der Gute-Praxis-Regeln kann helfen, die Brücke zum Verbrauch zu schlagen. Vorausgesetzt, es handelt sich um verifizierte, also von unabhängigen Gutachtern überprüfte Verfahren. Leider gibt es

---

[4] O'Brien, M., & Bringezu, S. (2017). What is a sustainable level of timber consumption in the EU: Toward global and EU benchmarks for sustainable forest use. *Sustainability 9*, 812, 18 pp.

[5] Hier muss man freilich aufpassen, dass keine Anreize generiert werden, die zur Folge haben, dass Holzpellets aus extra dafür eingeschlagenem Holz hergestellt werden.

auch schwarze Schafe unter den Zertifizierern. Möglicherweise helfen Verbrauchstipps, die übermäßige Nachfrage nach Meeresfischen zu dämpfen.

Als Alternative bieten sich Zuchtfische an. In den letzten Jahren hat sich die Aquakultur zur Boomindustrie entwickelt. Die Lachse in großen Netzkäfigen in den Fjorden Norwegens, die Doraden aus Meeresgehegen vor Griechenland, Tilapien oder Pangasius aus Süßwasserbassins in beheizten Hallen, sie alle haben eines gemein, sie werden ganz ähnlich wie Schweine mit Kraftfutter gemästet. Im Gegensatz zu Schweinen setzen sie das Futter sogar sehr effizient in ihr zartes Fleisch um. Doch die Ressourcenbasis für die pflanzlichen Bestandteile befindet sich wieder an Land, bei den Soja- und Getreidefeldern. Das würde durch die bereits genannte Obergrenze des Anbaulandes ja berücksichtigt. Nicht ganz so einfach ist es bei den Raubfischen wie Lachsen und Forellen. Die brauchen spezielle Fettsäuren in der Nahrung, die nur von anderen Fischen produziert werden, weshalb Fischmehl und Fischöl von den Hochseetrawlern in deren Kraftfutter gemischt werden. Das bedeutet, dass deren Aquakultur immer noch zur Überfischung der Meere beiträgt. Man ist dabei, die Raubfische zu Vegetariern umzuzüchten, aber das dürfte noch eine Weile dauern. Bis dahin könnten heimische Süßwasserfische aus offener Teichwirtschaft die Küche bereichern. Gebackenes Karpfenfilet, Schleie oder Zander in Mandeln, Wels in brauner Butter und geräucherter Aal sind Leckereien nicht nur für Gourmets.

4.2 Die abiotischen Ressourcen

Bei den abiotischen Ressourcen geht um energetisch und stofflich genutzte Minerale (Tab. 4.2). Die werden bergbaulich oder in Steinbrüchen und Kiesgruben gewonnen. Gerade große Bergbauunternehmen sind dabei, ihr Image aufzupolieren und verantwortbare Praktiken zu entwickeln, bei denen die Auswirkungen auf Mensch und Umwelt möglichst gering gehalten werden. Auch dafür gibt es wieder Zertifizierungen. Das Grundproblem bleibt jedoch. Um an geologische Rohstoffe heranzukommen, müssen sie ausgegraben werden. Das geht nur, indem Löcher in die Erdkruste getrieben werden und vorher das Gelände frei-

Tab. 4.2 Kriterien und Budgetwerte für eine zukunftsfähige Nutzung abiotischer Ressourcen[a]

Abiotische Ressourcen	Mikromanagement im primären Sektor	Makromanagement bezogen auf Verarbeitung und finalen Konsum von Produkten	
		Ressourcenspezifisch	Gruppenziel
Fossile Energieträger	Erhöhung des zertifizierten Anteils verantwortlichen/r Bergbaus und Steine- und Erdengewinnung	Ausstieg aus Verbrennung, Wechsel zu erneuerbaren Energien, Umstieg auf *Carbonrecycling*	6–12 t/Person primäre Extraktion[b] in 2050
Metallische Minerale		Minimierung der Primärextraktion, Umstieg auf Kreislaufwirtschaft	
Bauminerale			
Industrieminerale			

[a] Nach Bringezu, S. (2019): Toward Science-Based and Knowledge-Based Targets for Global Sustainable Resource Use. Resources 8, 140, 21 pp
[b] TMC abiotisch, inkl. genutzter und ungenutzter Extraktion; mögliches Politikziel 10 t/Person; Korridor: Rückkehr zu globalem Niveau 2000 bzw. Halbierung desselben; RMC (biotisch + abiotisch): 3–6 t/Person, mögliches Politikziel 5 t/Person

geräumt wird. Je größer die Löcher, desto größer die Abraumhaufen und umso tiefgreifender und ausgedehnter vollzieht sich die Landschaftsveränderung. Weil immer wieder neue Flächen umgegraben werden, kann es eigentlich keinen nachhaltigen Bergbau geben, auch wenn manche das gerne zertifizieren möchten. Freilich könnten Bergbauunternehmen bei Entscheidungen über die Eröffnung von Minen solche Vorkommen bevorzugen, bei denen der erwartbare Schaden auf die Biodiversität vergleichsweise gering ausfällt. Informationen dazu wären vorhanden.[6] Aber das geschieht bislang nicht. Entscheidend ist der Profit, den die Mine abwirft.

Und dieser Profit wird wiederum bestimmt von der Nachfrage nach den Rohstoffen in der verarbeitenden Industrie und letztlich von jenen, die die Endprodukte konsumieren. Will man den Gesamtumfang an

---

[6] Murguia, D., et al. (2016): Global direct pressures on biodiversity by large-scale metal mining: spatial distribution and implications for conservation. Journal of Environmental Management: 180: 409–420. https://doi.org/10.1016/j.jenvman.2016.05.040.

Rohstoffextraktion mindern, muss man diesen Verbrauch so gestalten, dass möglichst wenig Primärextraktion nötig ist. Hier hilft ein Makromanagement mit entsprechenden Zielen.

Dass fossile Energieträger wie Kohle, Erdöl und Erdgas künftig nicht mehr verbrannt werden sollten, dürfte sich mittlerweile herumgesprochen haben. Hier kann der mittel- bis langfristige Komplettausstieg als Ziel klar benannt werden. Es geht darum, die Verfrachtung von Kohlenstoff aus der Erdkruste in die Atmosphäre komplett zu unterbinden. Die Entwicklung läuft bereits in diese Richtung. Man ist dabei, fossil befeuerte Kraftwerke, Haushaltheizungen und Verbrennungsmotoren zu ersetzen. Dass die alternativen Technologien auch stoffliche Ressourcen benötigen, wird man dabei im Auge behalten müssen. Bei den Biokraftstoffen hat man ja bereits erfahren, dass es nicht nur bei Arzneimitteln unerwünschte Nebenwirkungen geben kann.

Bei den metallischen Mineralen handelt es sich um Erze, die Massenmetalle wie Eisen, Kupfer und Aluminium enthalten und Spezialmetalle wie Indium, Lithium oder Wolfram. Auch Edelmetalle wie Gold, Silber und Platin gehören dazu. Sie werden nicht nur für Schmuck und als Geldreserve verwendet, sondern auch als Werkstoff für Leiterplatten oder Katalysatoren. Die Extraktion der Erze wird zum größten Teil von spezialisierten Bergbauunternehmen mit viel Maschineneinsatz und wenig Personal betrieben. In ärmeren afrikanischen Ländern versuchen Menschen in nicht gesicherten Stollen nur mit Hacke und Spaten an Coltanerze zu gelangen. In Südamerika arbeiten Gambusinos immer noch mit Quecksilber, um Gold vom tauben Gestein zu trennen, und vergiften sich und die umliegenden Gewässer. Doch dieser Kleinbergbau spielt hinsichtlich der weltweiten Rohstoffextraktion eine untergeordnete Rolle. Die großen Mengen globalen Nachschubs aus geogenen Lagerstätten werden von wenigen Großkonzernen gewonnen.

Doch die Minen der Zukunft liegen nicht in der Erde. Sie umgeben uns täglich, wir wohnen darin. Keine Sorge, niemand kommt morgen mit dem Presslufthammer vorbei und nimmt mal kurz die Wand zum Nachbarn raus, um an den Stahl zu kommen, der im Beton steckt, oder reißt die Kupferkabel aus der Wand. Das kann warten, bis das Haus irgendwann mal rückgebaut und sein Materialgehalt verwertet wird. Dann wandern die aussortierten Metalle in die Schrottschmelze und

4 Das Weltbudget natürlicher Ressourcennutzung

können wieder zu neuen Produkten werden. Das Sammeln und Aufbereiten von Altmetall zu Sekundärrohstoffen ist ein schnell wachsender Markt. Im „anthropogenen Lager", in Gebäuden und Infrastrukturen, steckt weltweit mittlerweile in etwa so viel Kupfer wie in geogenen Lagerstätten.[7] Und das Kupfer in Rohrleitungen und Elektrokabeln ist bereits hoch konzentriertes reines Kupfer, im Gegensatz zum Kupfererz, aus dem das Metall erst mit viel Energieaufwand herausgeholt werden muss. In der Technosphäre Deutschlands waren 2010 bereits über eine Milliarde Tonnen Stahl und 8,4 Millionen Tonnen Kupfer gespeichert.[8] Wir haben bereits erläutert, dass die Versorgung aus dem Recycling umso relevanter wird, je näher die Technosphäre dem Bestandsgleichgewicht kommt. In der EU konnten bereits 44 % der Kupfernachfrage aus aufbereiteten Kupferschrotten bedient werden.[9] Das Kupferinstitut schätzt, dass ca. 70 % des in Altprodukten enthaltenen Kupfers wiederverwertetes Kupfer sind und rund 90 % des in der zivilen Infrastruktur eingesetzten Kupfers aus Sekundärmaterial stammen.

Bei den Baumineralien geht es hauptsächlich um Sand und Kies, die von der Steine- und Erdenindustrie gewonnen werden. Auch Kalkstein zählt dazu. Während man früher dachte, dass Sand und Kies praktisch unerschöpflich seien, hat man in den letzten Jahren feststellen müssen, dass es sich um eine knappe Ressource handelt und die Sandgewinnung in verschiedenen Weltregionen hoch problematisch ist.[10] Das Abbaggern von Sand aus dem Flachwasser der Meere führt zur Erosion der Küstenstreifen, weil sich die See bei Sturmfluten das entnommene Material zurückholt. In Indonesien sind ganze Inseln auf diese Weise verschwunden. Das Dredgen von Sand wurde verboten. In Indien hat sich

---

[7] Man schätzt, dass zwischen 1910 und 2010 650 Mt Kupfer als geologischen Lagerstätten extrahiert wurden, wovon 350 Mt in Gebäuden und Infrastrukturen im Gebrauch geblieben sind (Espinoza, L. T. et al. (2020): The promise and limits of Urban Mining. Fraunhofer ISI). Die Weltreserven von Kupfer in den Lagerstätten der Erdkruste wurden mit 540 Mt abgeschätzt (UNEP (2013): Metal Recycling: Opportunities, Limits, Infrastructure, A Report of the Working Group on the Global Metal Flows to the International Resource Panel. Reuter, M. A.; Hudson, C.; van Schaik, A.; Heiskanen, K.; Meskers, C.; Hagelüken, C.).
[8] Schiller, G. et al. (2015): Kartierung des anthropogenen Lagers in Deutschland zur Optimierung der Sekundärrohstoffwirtschaft. Umweltbundesamt Texte 83/2015.
[9] https://www.kupferinstitut.de/kupferwerkstoffe/nachhaltigkeit/recycling/ [Zugang 5. Nov. 2021].
[10] Padmalal, D., Maya, K. (2014): Sand Mining. Environmental Impacts and Selected Case Studies. Springer: Dordrecht.

eine Mafia entwickelt, um im Umland der großen Städte illegal Sand aus trocken liegenden Flussbetten zu baggern, wodurch bei der nächsten Regenzeit, die Flüsse nur noch mehr zu Überschwemmungen neigen.[11] Auch in Deutschland ist es nicht so einfach, an Sand und Kies zu gelangen, da die Genehmigung von neuen Abgrabungsflächen häufig in Konkurrenz mit Naturschutz oder der Landwirtschaft steht. Sand und Kies werden beim Bauen eingesetzt. Sie dienen als Schüttmaterial im Fundamentbereich und sind sogenannte Zuschlagstoffe zu Beton, deren größten Anteil sie beitragen.

Sand und Kies können ersetzt werden durch gebrochenes Gestein (Split und Schotter) oder durch rezyklierte Gesteinskörnungen aus Betonabbruch. Insbesondere die Verwertung aus dem Rückbau von Gebäuden und Infrastrukturen, die Nutzung des anthropogenen Lagers, wird künftig einen immer wichtigeren Beitrag zur Versorgung mit diesen mineralischen Materialien liefern.

Zu den Industriemineralien zählen Kalisalze, Kochsalz, Kaolin und Phosphat. Letzteres wird in Deutschland nicht gewonnen, spielt aber weltweit eine wichtige Rolle als Dünger. Bei seiner Aufbereitung müssen zunehmend Schwermetalle wie Kadmium abgetrennt werden, die in der jeweiligen Region Böden und Gewässer belasten.[12] In Deutschland hat es jahrelange Auseinandersetzungen über die Frage gegeben, wie mit der Salzlake umgegangen werden soll, die bei der Aufbereitung von Kalisalzen entsteht. Zu DDR-Zeiten wurde sie einfach in Flüsse wie die Werra geleitet, deren Salzgehalt so hoch wurde, dass man auf westdeutscher Seite die Ansiedlung von Meeresfischen in diesem Fluss überlegte.

Bei Phosphaten ist man bereits dabei, die Kreislaufführung auszubauen. Die Kläranlagen werden zunehmend mit Prozessen der Phosphatrückgewinnung ausgestattet. Da Urin Phosphat in hoher Konzentration enthält, dürfte die Rückgewinnung aus Urinalen in öffentlichen WCs und Gaststätten künftig ausgebaut werden. Die größten Mengen an Phosphat werden auf Feldern zur Düngung eingesetzt, ein Teil wird in

---

[11] Tejpal, M.S. et al. (2014): Geo-Environmental Consequences of River Sand and Stone Mining: A Case Study of Narnaul Block, Haryana. Trans. Inst. Indian Geographers 36, No. 2, 217–234.

[12] Reta, G. (2018): Environmental impact of phosphate mining and beneficiation: review. Int J Hydro. 2018;2(4):424–431. DOI: 10.15406/ijh.2018.02.00106.

4 Das Weltbudget natürlicher Ressourcennutzung 89

den Böden festgelegt, ein Teil von den Pflanzen aufgenommen und ein Teil wird in die Gewässer ausgewaschen, wo es immer wieder zur Überdüngung kommt, die in Form von Algenblüten sichtbar wird. Daher kommt dem effizienten Einsatz von Düngern eine wichtige Rolle zu.

Natürlich unterscheiden sich die verschiedenen Erze und Industriemineralien untereinander. Allein Kupfererze kommen in sieben verschiedenen Lagerstättentypen vor. Je nachdem, ob sie eher sulfidische oder oxidische Verbindungen aufweisen, werden sie auch in unterschiedlichen Verfahren aufbereitet. Vergleicht man Kupferminen mit Bauxitminen, aus denen Aluminium gewonnen wird, so gehen die einen eher in die Tiefe, während die anderen sich eher in der Fläche ausbreiten. Das bedeutet, dass man bei näherem Hinschauen immer mehr Unterschiede bei spezifischen Umweltbelastungen der verschiedenen mineralischen Rohstoffe feststellen wird. Aber darum muss sich das Mikromanagement kümmern. Wenn wir danach fragen, welcher Gesamtumfang an natürlichen Materialien der Erdkruste entnommen werden kann, ohne die Stabilität von Ökosystemen weltweit zu gefährden, dann müssen wir davon ausgehen, dass immer ein Korb verschiedener Rohstoffe nachgefragt werden wird, der mit einem Wirkungsbündel verschiedener spezifischer Umweltveränderungen verbunden ist. Entscheidend sind zwei Feststellungen. Erstens, die Menge der jährlichen Gesamtextraktion bestimmt die Größenordnung des Wirkungsbündels und den Umfang der Landschaftsveränderungen an den Orten des Abbaus, wo immer sie liegen mögen. Zweitens, die Menge der Rohstoffe, die von dort verkauft und ökonomisch weiter verwertet werden, bestimmt den Umfang der Materialflüsse, die an anderen Orten später zu Abfällen und Emissionen werden.

Will man die Veränderungen der natürlichen Umwelt durch Abgrabungen möglichst klein halten, dann geht das nur, wenn der Gesamtumfang der globalen Extraktionen minimiert wird. Ein Monitoring, das Fortschritte in diese Richtung anzeigt, sollte daher die Extraktion aller mineralischen Ressourcen zusammenfassend berichten. Für jedes Land kann dies dadurch geschehen, dass der abiotische Materialfußabdruck des Konsums von Produkten bestimmt wird. Gemessen wird er zum einen mit dem Indikator *Total Material Consumption (TMC)*, dem gesamten Primärmaterialverbrauch, und der *Raw Material Consumption*

(RMC), dem Rohstoffverbrauch. Während Ersterer die Gesamtextraktion zählt, misst Letzterer nur die ökonomisch verwertete Rohstoffextraktion. Jener gibt Auskunft über die Größenordnungen der Umweltschäden an den Orten der Extraktion, dieser über den Umfang der später an anderen Orten anfallenden Abfälle und Emissionen. Beide können auf Länderebene dem inländischen Konsum[13] zugerechnet werden (d. h., der Aufwand für die Exporte wird dabei nicht mitgezählt).

Bei den biotischen ebenso wie bei den abiotischen Ressourcen wurden Orientierungswerte vorgeschlagen, die jeweils die Untergruppen zusammenfassen. Bei den biotischen Ressourcen könnte eine Größenordnung von 2 Tonnen pro Person im Jahr 2050 angesteuert werden, eine Menge, in der sämtliche Entnahmen von Biomasse in Landwirtschaft, Forstwirtschaft und Fischerei aufgehen würden. Die daraus produzierten Produkte und das jeweilige Konsummuster könnten je nach Land und kulturellem Hintergrund variieren. In Japan würde nach wie vor mehr Fisch konsumiert als beispielsweise in Tschechien. In Finnland würde mehr Holz verbraucht als in Saudi-Arabien. Wenn im Weltdurchschnitt ein Budget von 2 Tonnen pro Person in 2050, also insgesamt nicht mehr als 20 Milliarden Tonnen Primärbiomasse genutzt würden, könnte diese unter zukunftsfähigen Bedingungen produziert werden und die natürlichen Systeme würden voraussichtlich nicht überlastet.

Die Größenordnung von 20 Milliarden Tonnen Primärbiomasse würde in etwa der weltweiten Ernte im Jahr 2000 entsprechen und einem Fünftel der globalen oberirdischen Nettoprimärproduktion[14] der Pflanzen aller Kontinente.

Bei den abiotischen Ressourcen kann voraussichtlich eine größere Menge an Mineralen der Natur entnommen werden als bei den biotischen (Tab. 4.2). Erste Zielansprachen haben einen Korridor zwischen 6–12 Tonnen pro Person in 2050 abgesteckt. Das entspräche insgesamt

---

[13] Will man den Materialfußabdruck für die Produktion eines Landes bestimmen, werden der *Total Material Requirement (TMR)* und der *Raw Material Input (RMI)* bestimmt (bei denen der Aufwand jeweils für die Herstellung der Exporte enthalten ist). Auf der Ebene von einzelnen Produkten wird dieser Unterschied hinfällig. Dort werden TMR und RMI verwendet, um den Materialfußabdruck zu messen.

[14] Berechnet nach Haberl, H. et al. (2007): Quantifying and mapping the human appropriation of net primary production in earth's terrestrial ecosystems. www.pnas.orgcgi doi 10.1073pnas. 0704243104; mit 15 % Wassergehalt und 42–47 % C-Gehalt der Biomasse.

60–120 Milliarden Tonnen Primärmaterial, das von Bergbau und Steine- und Erdengewinnung weltweit der Erdkruste entnommen würde. Diese Werte wurden sehr pragmatisch hergeleitet. Der niedrigere Wert zielt darauf ab, die weltweite Extraktion im Jahr 2000 zu halbieren, und verteilt diese auf eine Weltbevölkerung von 10 Milliarden Menschen. Der höhere Wert berücksichtigt, dass es seit dem Jahr 2000 bereits eine deutliche Steigerung der globalen Extraktion gegeben hat, sodass es schon eine deutliche Entlastung darstellen würde, wieder zum Niveau von 2000 zurückzukehren. So stieg allein die genutzte Extraktion von abiotischen Rohstoffen zwischen 2000 und 2017 um das 1,8-Fache[15] von 38 auf 68 Milliarden Tonnen. Bis 2060 wird diese Menge, wenn nicht gegengesteuert wird, auf 130 Milliarden Tonnen jährlich ansteigen.[16]

Die genutzte Extraktion ist nur jener Teil, der von Bergbau und Steinen- und Erdenindustrie verkauft wird. Die gesamte Extraktion ist wesentlich größer, denn es muss erst mal einiges Material beiseitegeschafft werden, um an die wertvollen Rohstoffe, die metallhaltigen Erze oder das Phosphat heranzukommen. Im Jahr 2000 war das insgesamt noch einmal die gleiche Größenordnung wie die genutzte Extraktion. Damit nicht genug. Es wird auch jede Menge Erde und Gestein für den Bau von Straßen, Tunneln, Gebäuden und Rohrleitungen bewegt. Im gleichen Jahr kam damit weltweit noch einmal das 1,5-Fache der genutzten Entnahme an Extraktionsumsatz hinzu.[17]

Rechnet man die Gesamtextraktion an mineralischem Material, die der Umwelt entnommen oder in ihr umgeschichtet wird, zusammen, so waren es 2000 110–120 Milliarden Tonnen, die weltweit extrahiert wurden.[18] Bis 2060 könnte diese Menge auf circa 250 Milliarden Tonnen jährlich ansteigen. Dabei sind schon keine fossilen Energieträger mehr

---

[15] IRP (2019): Global Resources Outlook 2019: Natural Resources for the Future We Want. A Report of the International Resource Panel. United Nations Environment Programme. Nairobi, Kenya.

[16] Ebenda; hier ist nur die Menge der abiotischen Rohstoffe ohne fossile Energieträger gerechnet (unter der Annahme, dass bis dahin der Kohleausstieg weltweit umgesetzt worden ist).

[17] Bringezu, S. (2015): Possible Target Corridor for Sustainable Use of Global Material Resources. Resources 2015, 4, 25–54.

[18] Daten zu genutzter Extraktion aus https://www.resourcepanel.org/global-material-flows-database [Zugang 17. Nov. 2021]; zum Verhältnis genutzte zu ungenutzter Extraktion sowie zu Aushub: doi:10.3390/resources4010025.

eingerechnet, wenn man davon ausgeht, dass der Kohleausstieg bis dahin weltweit umgesetzt sein würde und auch andere fossile Energieträger kaum mehr genutzt werden. Auch der Anteil des Erdaushubs wurde dabei nur noch mit circa 10 Prozent des historischen Werts abgeschätzt, da die Infrastruktursysteme bis dahin weltweit ziemlich ausgebaut sein dürften. Dennoch dürfte sich ohne wirksame Gegenmaßnahmen die weltweite Extraktion von Mineralien von 2000 bis 2060 mehr als verdoppeln.

Der Mensch bewegt mittlerweile mehr Material als die natürlichen geogenen Prozesse. Der weltweite Durchschnitt der Magmabildung an Land durch Vulkanismus liegt bei 27–31 Milliarden Tonnen jährlich.[19] Nur ein geringer Teil, 2 Milliarden Tonnen, dieser Magmaströme erreicht die Oberfläche und formt so die bestehenden Landschaften um. Diesen Massenbewegungen von Material aus dem Erdinnern „nach oben" – entgegen der Schwerkraft – steht die Erosion entgegen, die Gebirge verwittern lässt und Hochebenen zerfurcht. Ihre Fracht wird letztlich über die Flüsse in die Meere transportiert. Vor dem Einfluss des Menschen wurden so etwa 15 Milliarden Tonnen jährlich – letztlich dem Einfluss der Schwerkraft folgend – „nach unten" verlagert.[20]

Wir sehen, dass unser heutiges Zeitalter mit Recht „Anthropozän"[21] genannt wird, das Zeitalter des Menschen, der durch die Extraktion, Verlagerung und Verarbeitung von Mineralien die Gestalt der Erde in größerem Maße verändert als die Natur. Im Jahr 2020 extrahierte der Mensch schätzungsweise um die 175 Milliarden Tonnen mineralischen Materials für die Rohstoffe, um an sie ranzukommen, und für Infrastrukturen. Das ist das 88-Fache der Menge an Magmaströmen, die an die Erdoberfläche dringen. Man stelle sich einmal kurz vor, was wohl geschähe, wenn die vulkanischen Aktivitäten sich um das 80- bis 100-Fache steigern würden. Das Gefährliche an den menschgemachten Stoffströmen scheint es zu

---

[19] Schmincke, H.-U. (1986): Vulkanismus. Wissenschaftliche Buchgesellschaft: Darmstadt; Schmincke, H.-U. (1993): Transfer von festen, flüssigen und gasförmigen Stoffen aus Vulkanen in die Atmosphäre. Umweltwissenschaften und Schadstoff-Forschung 5, 27–44.
[20] Syvitski, J.P.M., Kettner, A. (2011): Sediment flux and the Anthropocene. Philos. Trans. R. S. A 2011, 369, 957–975.
[21] Crutzen, P.J., Stoermer, E.F. (2000): The „Anthropocene". IGBP Global Change Newsletter. Nr. 41, S. 17–18.

sein, dass sie ohne großen Knall, ohne weithin sichtbare Rauchsäulen und Feuerfontänen geschehen. Aber sie sind Realität. Jeden Tag. An vielen Orten weltweit.

Bei den biotischen Ressourcen ist die Spannweite zwischen hohem und niedrigem Eckwert nicht so groß, als dass die Größenordnung von 2 Tonnen $TMC_{biotisch}$ pro Person als Zielwert verändert würde. Bei den größeren Mengenumsätzen der abiotischen Primärmaterialien würde die Spanne einer Verdoppelung von 6–12 Tonnen $TMC_{abiotisch}$ pro Person entsprechen. Betrachtet man nur den Verbrauch der verwerteten Rohstoffextraktion (biotische und abiotische Rohstoffe zusammengenommen), so läge der Zielkorridor zwischen 3–6 Tonnen pro Person RMC. Das Ansteuern einer Fahrtrinne oder Zielkorridors ist aus der Navigation bei Schiffen und Flugzeugen bekannt. Auch bei rechnerischen Zukunftssimulationen wird eher ein erstrebenswerter Wertebereich abgesteckt als eine Zielfahne neben einem kleinen Loch wie beim Golfspiel. Wenn wir den Tanker unserer Gesellschaft in sichere Gewässer steuern können, wäre damit schon viel gewonnen. Dennoch tun sich Politiker oft schwer mit Zielen, die als Wertebereich angegeben werden. Sie hätten gerne genaue Werte.

Für Kommunikationszwecke lässt sich ein Zieltriplett formulieren: 10-2-5. In Worten wären dies für das Jahr 2050 pro Person 10 Tonnen abiotischer Primärmaterialverbrauch, 2 Tonnen biotischer Primärmaterialverbrauch und 5 Tonnen Rohstoffe (abiotisch und biotisch), die für Produktion und Konsum der verbrauchten Produkte aufgewendet werden dürften.

4.3 Was heißt das für Deutschland und die EU?

Der Rohstoffverbrauch wird mittlerweile regelmäßig von den Statistikämtern Destatis und Eurostat erhoben. Das *International Resource Panel* hat eine Datenbank aufgebaut, in der Werte für fast alle Länder der Welt enthalten sind.[22] 2017 lag der Weltdurchschnitt des Rohstoffverbrauchs

---

[22] International Resource Panel: Global Material Flows Database. https://www.resourcepanel.org/global-material-flows-database [Zugang 15. Nov. 2021].

bei 12,1 Tonnen RMC pro Person.[23] Das bedeutet, dass die Weltwirtschaft ihren Verbrauch bis 2050 mindestens halbieren müsste, um ein zukunftsfähiges Niveau zu erreichen. 2019 betrug der Materialfußabdruck des Rohstoffverbrauchs der EU 14,6 Tonnen RMC pro Person.[24] In Deutschland betrug der Wert im selben Jahr 15,1 Tonnen RMC pro Person.[25] Produktion und Konsum von Gütern müssten also so gepasst werden, dass ungefähr zwei Drittel weniger Primärrohstoffe eingesetzt werden.

Der gesamte Primärmaterialverbrauch (TMC, Total Material Consumption) wurde für Deutschland zuletzt für das Jahr 2008 bestimmt und auch nur vom Umweltbundesamt,[26] nicht vom Statistischen Bundesamt berichtet. Von 1990 bis 2008 war der TMC von 76 auf 45 Tonnen pro Person gesunken.[27] Die Abnahme war im Wesentlichen eine Folge der Wiedervereinigung, da in den neuen Bundesländern weniger Braunkohle extrahiert und verstromt wurde als zu DDR-Zeiten und unmittelbar nach der Wende. In den 2000er-Jahren kam diese Abnahme zum Stillstand und es pendelte sich ein eher konstant hohes Niveau des gesamten Primärmaterialverbrauchs ein. Dieser war mit ca. 86 % von abiotischen Entnahmen und der Braunkohle dominiert. Ausgehend von jener globalen Ressourcenextraktion für den deutschen Verbrauch wären die abiotischen Aufwendungen um mehr als drei Viertel und die biotischen um zwei Drittel zu vermindern, um auf ein eher zukunftsfähiges Niveau zu gelangen.

Auch der Rohstoffverbrauch hat sich in Deutschland und in der EU in den letzten Jahren auf konstant hohem Niveau eingependelt. Zwar hat sich damit eine relative Verbesserung ergeben. Die Rohstoffproduktivität

---

[23] IRP (2019): Global Resources Outlook 2019: Natural Resources for the Future We Want. A Report of the International Resource Panel. United Nations Environment Programme. Nairobi, Kenya.

[24] EUROSTAT: Material flow accounts statistics. https://ec.europa.eu/eurostat/statistics-explained/index.php?title=Material_flow_accounts_statistics_-_material_footprints [Zugang 5. April 2022].

[25] Eurostat: Material flow accounts in raw material equivalents – modelling estimates. https://appsso.eurostat.ec.europa.eu/nui/show.do?dataset=env_ac_rme&lang=en [Zugang 5. April 2022].

[26] Umweltbundesamt: Gesamter Materialaufwand Deutschlands. https://www.umweltbundesamt.de/daten/ressourcen-abfall/rohstoffe-als-ressource/gesamter-materialaufwand-deutschlands#der-gesamte-materialverbrauch-deutschlands [Zugang 15. Nov. 2021].

[27] Ohne Erosion.

ist gestiegen, doch dies nur durch eine Zunahme des Bruttoinlandsprodukts. Der stoffliche Verbrauch und damit das Bündel der Umweltbelastungen von Rohstoffgewinnung bis Abfallmanagement sind unverändert hoch geblieben. Will man diesen um zwei Drittel vermindern, sind einige Anstrengungen erforderlich.

Der Materialfußabdruck des deutschen Verbrauchs ist größer als die inländische Rohstoffentnahme aus der Umwelt. Das Land ist ein Nettoimporteur von Primärrohstoffen und belastet entsprechend auch die Umwelt in anderen Regionen.

Beim Klimafußabdruck ist es ganz ähnlich. Die Treibhausgasemissionen von deutschem Boden beliefen sich 2017 auf 892 Tonnen CO_2-Äquivalente[28] während der Klimafußabdruck des Konsums bei 1062 Millionen Tonnen CO_2-Äquivalente lag.[29] Pro Person waren das 11 bzw. 13 Tonnen CO_2-Äquivalente. Um das Klimaziel von Paris zu erreichen, müssten diese Emissionen auf 1 Tonne pro Person zurückgehen; um eine echte Klimaneutralität zu erreichen, dürften netto null Treibhausgase ausgestoßen werden, sowohl auf dem deutschen Territorium als auch bei der Herstellung der in Deutschland konsumierten Güter, egal ob diese im In- oder Ausland stattfindet.

Das bedeutet, dass sowohl beim Material- wie beim Klimafußabdruck erhebliche Verminderungen nötig sind, um die physische Basis der Wirtschaft gegenüber der globalen Mitwelt risikoarm und zukunftsfähig zu gestalten. Dabei sollte stets daran gedacht werden, dass sich die Klimaziele nur erreichen lassen, wenn auch mit stofflichen Ressourcen deutlich effizienter umgegangen wird. Denn die Herstellung von Grundwerkstoffen ist weltweit für die Hälfte der Treibhausemissionen verantwortlich, die von der Rohstoffgewinnung bis zum Fertigprodukt entstehen. Bei der Landnutzung sind es über 90 %.

Apropos Landnutzung. Der weltweite Landfußabdruck des deutschen Konsums hat 2015 mit über 50 Millionen Hektar die dreifache Agrar-

---

[28] Umweltbundesamt: Treibhausgas-Emissionen in Deutschland. https://www.umweltbundesamt.de/daten/klima/treibhausgas-emissionen-in-deutschland#emissionsentwicklung [Zugang 15. Nov. 2021].
[29] Bringezu, S. et al. (2020): Pilotbericht zum Monitoring der deutschen Bioökonomie. Hrsg. vom Center for Environmental Systems Research (CESR), Universität Kassel, Kassel, doi:10.17170/kobra-202005131255.

fläche belegt, die im Inland landwirtschaftlich genutzt wird.[30] Und das ist immerhin die Hälfte des gesamten deutschen Territoriums. Die Belegung im Ausland geht erfreulicherweise zurück, da die Deutschen sich allmählich gesünder ernähren und weniger Fleisch konsumieren. Da die größten Flächen für die Produktion von Futter aufgewendet werden, hat diese Veränderung einen erheblichen Effekt. Dennoch steht zu erwarten, dass Deutschland mit seinem Konsum auch in 2030 noch Ackerfläche von ca. 2300 m² pro Person belegen wird und damit mehr als im Weltdurchschnitt zur Verfügung steht. Auch würde ohne weitere Maßnahmen der oben erläuterte Orientierungswert von 2000 m² pro Person überschritten.

4.4 Woran können sich Unternehmen orientieren?

Viele Unternehmen kontrollieren bereits Energieeinsatz, Wasserverbrauch und Abfallentstehung in ihren Betrieben. Sie wissen, dass damit Kosten verbunden sind, die möglichst klein gehalten werden sollten. Große Unternehmen, die auch gegenüber der Nachbarschaft, ihren Kunden und der Öffentlichkeit zeigen wollen, dass sie gesellschaftliche Verantwortung übernehmen, haben schon vor einigen Jahren begonnen, Nachhaltigkeitsberichte zu erstellen. Zu den Leitindikatoren, den sogenannten KPIs (*Key Performance Indicators*), zählen auch die Treibhausgasemissionen.

In der Folge der Umsetzung der Klimabeschlüsse von Kyoto und Paris wurde klar, dass es nicht ausreicht, wenn nur die direkten Emissionen aus den eigenen Anlagen gezählt werden. Ebenso wie bei ganzen Ländern auch die Emissionen bei der Herstellung ihrer Importe (und Exporte) gezählt werden, müssen Unternehmen auch über den eigenen Zaun schauen. Man unterscheidet daher drei Stufen des Klimagasmonitorings: *Scope 1* bezieht sich auf die im eigenen Unternehmen freigesetzten Emissionen, *Scope 2* berechnet die mit dem Fremdbezug von Energie bezogenen Emissionen (also z. B. die Emissionen von Kraftwerken, aus denen Strom bezogen wird) und bei *Scope 3* werden die Emissionen ent-

---

[30] Ebenda.

lang der Vorketten der eingekauften Vorprodukte berücksichtigt. Unternehmen haben eine Reihe von Möglichkeiten, auf diese Emissionen Einfluss zu nehmen. Zuallererst natürlich im eigenen Unternehmen durch energieeffizientere Maschinen, Minimierung von Verschnitt, Nutzung von Abwärme und vieles mehr. Es gibt dafür umfangreiche Checklisten. Beim Strombezug können die Unternehmen zwischen verschiedenen Anbietern wählen also auch solchen, die keine Kohle mehr einsetzen. Interessant wird es bei den eigenen Bezügen. Hier ist es seit Jahrzehnten eingeführte Praxis, den Lieferanten Auflagen zur Qualität ihrer Materialien und Bauteile zu machen. Nun wird es gängige Praxis werden, auch über die Klima- und Energiefußabdrücke zu berichten.

In Umweltproduktdeklarationen, in denen Unternehmen sich gegenseitig über die KPIs ihrer Produkte informieren, sind Treibhausgasemissionen entlang der Produktionskette fester Bestandteil. Bei Zertifizierungsverfahren nach EMAS und ISO, in denen ganze Unternehmen ihre Umweltleistungen berichten und dies von unabhängigen Fachleuten bestätigen lassen, wird auch gefordert, dass die bezogenen Vorprodukte von der Rohstoffgewinnung bis zum Einkauf auf relevante Umweltwirkungen geprüft werden.[31]

Das Nachhaltigkeitscontrolling von Unternehmen schreitet schnell voran. Die Techniken zur Rückverfolgung von Lieferketten, ausgehend von der ökonomischen Buchhaltung, sind verfügbar. Einige Branchen haben bereits Informationssysteme aufgestellt über die Zusammensetzung ihrer Produkte. Selbst bei so komplexen Dingen wie Fahrzeugen. Um Informationen über möglicherweise gefährliche Stoffe bei der Herstellung von Bauteilen zu erhalten oder um eine fachgerechte Demontage und sortenreines Recycling von Altfahrzeugen zu ermöglichen, hat die Automobilindustrie bereits ein umfassendes Materialinformationssystem aufgebaut.[32] Daten über die Materialgehalte von Fahrzeugen und ihren Komponenten und über ihre Lieferketten sind also vorhanden. Damit wäre es ein Leichtes, auch deren spezifische Klima- und Ressourcenfußabdrücke zu berechnen.

---

[31] Vgl. EU-Verordnung 2017/1505 zum Eco-Management and Audit Scheme. Anhang I, indirekte Umweltauswirkungen.
[32] Internationales MaterialDatenSystem (IMDS); https://www.mdsystem.com/imdsnt/startpage/index.jsp.

Künftig dürften bei Produktdeklarationen die Klimafußabdrücke *und* die Ressourcenfußabdrücke ausgewiesen werden. Dazu zählen der Material-[33], Wasser-[34] und Landfußabdruck[35]. Auch bei Nachhaltigkeitsberichten von Firmen wird es immer mehr zum Standard werden, über diese Fußabdrücke regelmäßig zu berichten. Zunächst für ausgewählte Hauptprodukte, später für die ganze Firma. Dabei lässt sich das Schema von Scope 1, 2 und 3 nicht nur bei den Treibhausgasemissionen anwenden, sondern auch bei den Ressourcenfußabdrücken.

So kann ein Unternehmen den spezifischen Anteil messen, den seine Produkte am globalen Ressourcenverbrauch und den weltweiten Klimaemissionen haben. Auch Vergleiche sind möglich mit dem nationalen Durchschnitt der Industrie, der eigenen Branche, den Wettbewerbern. Für solche Vergleiche braucht man einheitliche Bezugsgrößen, denn ein großes Unternehmen hat meist einen größeren Fußabdruck als ein kleines, die Größe kann man aber keinem zum Vorwurf machen. Ein möglicher Bezugswert könnte die Anzahl der Beschäftigten sein. Werden die ökologischen Fußabdrücke gemessen, können auch die Beschäftigten entlang der Lieferketten gezählt werden. Für ganze Länder ist das mittels Input-Output-Analyseverfahrens bereits möglich. Beim sogenannten

---

[33] Der Produktmaterialfußabdruck wird durch die Indikatoren RMI und TMR gemessen; Mostert, C., Bringezu, S. (2019): Measuring Product Material Footprint as New Life Cycle Impact Assessment Method: Indicators and Abiotic Characterization Factors. Resources 2019, 8, 61; doi: 10.3390/resources8020061; Mostert, C., Bringezu, S.: Biotic Part of the Product Material Footprint: Comparison of Indicators Regarding their Interpretation and Applicability. Resources 2022, 11, 56. https://doi.org/10.3390/resources11060056.; Bringezu, S., Kaiser, S., Turnau, S., Mostert, C. (2019): Bestimmung des Materialfußabdrucks mit ökobilanziellen Methoden und Softwarelösungen. Generelle Vorgehensweise und beispielhafte Anwendung für Prozesse der CO_2-Nutzung. Center for Environmental Systems Research (Hrsg.), Universität Kassel. https://kobra.uni-kassel. de/handle/123456789/11497 [Zugang 9. April 2022].

[34] Beim Wasserfußabdruck erlauben neuere Ansätze die Berücksichtigung der Wasserverfügbarkeit in der Entnahmeregion; siehe Übersicht, Konzept und Anwendungsfall in: Schomberg, A., Bringezu, S., Flörke, M. (2021): Extended life cycle assessment reveals the spatially-explicit water scarcity footprint of a lithium-ion battery storage. Communications Earth & Environment 2:11, doi 10.1038/s43247-020-00080-9.

[35] Der Landfußabdruck wird in der Produktökobilanzierung (Lifecycle Assessment) bislang mit verschiedenen Ansätzen ermittelt und bewertet, die teilweise recht komplex sind. Neuere Ansätze versuchen einfachere und dennoch richtungssichere Methoden zu entwickeln, Fehrenbach, H. et al.: Flächenrucksäcke von Gütern und Dienstleistungen. Ermittlung und Verifizierung von Datenquellen und Datengrundlagen für die Berechnung der Flächenrucksäcke von Gütern und Dienstleistungen für Ökobilanzen und die vereinfachte Umweltbewertung. https://www.ifeu.de/ projekt/flaechenrucksaecke-von-guetern-und-dienstleistungen/ [Zugang 9. April 2022].

4 Das Weltbudget natürlicher Ressourcennutzung

Social Lifecycle Assessment werden auch die sozialen Auswirkungen von Produkten gezählt und dazu gehören auch die Beiträge von Firmen zur Beschäftigung. Auch der Beitrag eines Unternehmens zur Beschäftigung im eigenen Land könnte im Fokus stehen. So könnte beispielsweise der RMI eines Produkts oder einer Firma dividiert werden durch die Zahl der Beschäftigten, die das Produkt herstellen bzw. für die Firma arbeiten. Dieser Wert ließe sich mit dem deutschen Durchschnittswert vergleichen.

Im Jahr 2018 betrug der Raw Material Input (RMI) der deutschen Wirtschaft 3,0 Milliarden Tonnen,[36] dieser Rohstoffaufwand wurde betrieben mit 40 Millionen sozialversicherungspflichtigen Beschäftigten.[37] Das sind 75 Tonnen pro beschäftigter Person. Diesen Wert gälte es zu unterbieten. Das kann geschehen, indem die Produktion ressourceneffizienter gestaltet wird, Material und Energie eingespart werden – oder indem mehr Menschen eingestellt werden und einen Arbeitsplatz finden.

Würden solche Werte regelmäßig erhoben, könnte ein Wettbewerb ins Rollen kommen. Es ginge nicht nur allein um Ressourceneffizienz oder die isolierte Betrachtung von Beschäftigung. Es ginge um die Frage, bei welchen Unternehmen die Mitarbeitenden den geringsten Rohstoffaufwand betreiben. Das könnte nicht zuletzt ein Indiz dafür sein, dass dort das Risiko, infolge von ressourcenbedingten Kosten den Job zu verlieren, eher niedrig läge.

Wenn es um die Setzung von Zielen geht, liegen die Zielwerte in der Zukunft. Dann könnten für den Ressourcenverbrauch der Welt die oben diskutierten Orientierungswerte herangezogen werden. Als Zieljahr könnte 2050 dienen (zusammen mit Zwischenschritten sowie einer noch langfristigeren Perspektive). Dann könnte für 2050 die Zahl der voraussichtlich weltweit, national oder branchenbezogenen Beschäftigten projiziert und zur Normierung der Ressourcen- und Klimafußabdruckziele verwendet werden.

Auch ein Bezug auf die Bruttowertschöpfung ist möglich. Für ganz Deutschland wurde mit ProgRess das Ziel der Steigerung der „Gesamtrohstoffproduktivität" formuliert. Zwar wurde lediglich der Trend von

---

[36] Eurostat: Material flow accounts in raw material equivalents – modelling estimates. https://appsso.eurostat.ec.europa.eu/nui/show.do?dataset=env_ac_rme&lang=en [Zugang 5. April 2022].
[37] DESTATIS: Genesis-Online. Erwerbstätigkeit. https://www.destatis.de/DE/Themen/Arbeit/Arbeitsmarkt/Erwerbstaetigkeit/datenbank-teaser.html [Zugang 16. Nov. 2021].

2000 bis 2010 mit einer Steigerung von 1,6 % jährlich bis 2030 fortgeschrieben. Aber immerhin. Der Wert umfasst die Wertschöpfung der deutschen Wirtschaft (als BIP) und den Wert der Importe. Deren Summe wird dividiert durch den RMI. 2018 betrug der Wert 1580 €/Tonne. Möchte man wissen, wie produktiv die deutsche Wirtschaft die aufgewendeten Rohstoffe eingesetzt hat, wäre lediglich das BIP durch den RMI zu teilen. Das ergab 2018 1113 €/Tonne. An diesem Wert könnten sich Unternehmen ebenfalls messen lassen, indem sie ihre Wertschöpfung mit ihrem Rohstoffaufwand in Beziehung setzen. Die Wertschöpfung wird regelmäßig über das Finanzcontrolling erfasst. Der Rohstoffaufwand kann für einzelne Produkte und ganze Firmen durch Informationsflüsse entlang der Lieferketten ermittelt werden.

Die nationale Gesamtrohstoffproduktivität – so das Ziel der Nachhaltigkeitsstrategie – soll bis 2030 jährlich um 1,6 % zulegen. Wenn freilich die Wirtschaft über eine Dekade im Schnitt jedes Jahr um 1,6 % wächst (das BIP) und die Preise der Importe in gleicher Weise steigen – und beides ist bei einer Erholung der Weltwirtschaft nach Corona und dem Ukrainekrieg nicht unrealistisch –, wird der Zielwert erreicht, ohne dass der RMI verringert würde. Der Rohstoffaufwand der deutschen Wirtschaft und die damit verbundenen Umweltbelastungen in den Lieferländern blieben unverändert hoch.

Anspruchsvollere Ziele sind gefragt, wenn Politik den Anspruch einlösen möchte, die richtigen Weichen für eine sichere und zukunftsfähige Entwicklung der physischen Basis von Wirtschaft und Gesellschaft zu stellen. Die oben erläuterten Werte für ein Weltbudget können dafür herangezogen werden. Die Akzeptanz anspruchsvoller Ziele wird mit besseren Informationen zu Status quo und Trends und insbesondere zu den technischen und institutionell-organisatorischen Optionen der Zielerreichung wachsen.

5

Was zu tun ist

Zusammenfassung In diesem Kapitel wird beschrieben, welche Institutionen das Monitoring und Management einer global nachhaltigen Ressourcennutzung weiter voranbringen können. Wirtschaftsinitiativen werden einbezogen und eine Konvention der Vereinten Nationen für nachhaltiges Ressourcenmanagement wird diskutiert. Das Weltbudget wird in den Kontext eines gesellschaftlichen Lernprozesses gestellt und ein paar grundlegende Missverständnisse werden geklärt.

5.1 Institutionen für Monitoring und Controlling entwickeln

Das Weltbudget kann auf verschiedenen Handlungsebenen als Referenz dienen. Das Monitoring der Klimagasemissionen wird erweitert werden durch das Monitoring aller Ressourcen- und Abfallströme weltweit. Die Erhebungen des *International Resource Panel (IRP)*[1], die bislang Studiencharakter haben, und die von ihm entwickelte Datenbasis werden künftig von einer internationalen Organisation regelmäßig durchgeführt wer-

[1] International Resource Panel: https://www.resourcepanel.org/ [Zugang 10. April 2022].

den. Auf nationaler Ebene werden die Staaten ihre Ressourcen- und Klimafußabdrücke bestimmen, die mit ihrer Produktion und ihrem Konsum weltweit verbunden sind, und sie werden ihre Politiken anpassen, um ihren Ressourcenverbrauch in einer sicheren und fairen Größenordnung zu halten. Wirtschaftsunternehmen, insbesondere große globale Player, werden ihre Klima- und Ressourcenfußabdrücke ermitteln. Sie werden Rechenschaft ablegen, wie viele stoffliche Primärrohstoffe, wie viel Agrarfläche, wie viel Wasser aus wasserarmen Gebieten mit ihren Bezügen verbunden sind. Diese Werte werden ins Verhältnis gesetzt zur Zahl der Beschäftigten, zu ihrem Umsatz, zu ihrem Gewinn. So werden Vergleiche möglich mit dem Branchendurchschnitt, mit dem Durchschnitt der gesamten Volkswirtschaft, mit dem globalen Durchschnitt.

Wie beim Klimaschutz werden Institutionen für eine sichere und faire Ressourcennutzung gebraucht werden. Beim Klimaschutz bündelt das IPCC die wissenschaftlichen Befunde als Grundlage für politische Entscheidungen. Hierbei wirken Hunderte Forschende mit. Bei der globalen Ressourcennutzung hat das nur 35 Mitglieder umfassende IRP diese Rolle und tut sich aufgrund der Komplexität des Themas und widerstreitender Denkschulen schwer, handlungsleitende Ziele vorzuschlagen.

Wirtschaftsakteure haben in den letzten Jahren die Initiative ergriffen. Die *Science Based Targets initiative (SBTi)*[2] entwickelt Richtlinien, wie Unternehmen Klima- und Naturschutz konkret praktizieren können. Dazu gehören auch das Setzen und Verfolgen eigener Handlungsziele, um Klimabelastung, Landtransformation, Ressourcenausbeutung und Verluste von Biodiversität zu verringern. Dass dies bei globalen Produktionsketten auch das Monitoring und Controlling der Fußabdrücke erfordert, wird dabei immer deutlicher.

Mehr und mehr Wirtschaftsinitiativen erkunden und erproben die Methoden, wie die SDGs in unternehmerisches Handeln einbezogen werden können. Ob *World Business Council for Sustainable Development*[3],

---

[2] Science Based Targets initiative: https://sciencebasedtargets.org [Zugang 9. Nov. 2021].
[3] World Business Council for Sustainable Development: https://www.wbcsd.org/ [Zugang 10. April 2022].

das *World Economic Forum*[4] oder die *Value Balancing Alliance*[5], um nur wenige zu nennen, sie suchen nach konkreten Orientierungsmaßstäben und praktikablen richtungssicheren Monitoringmethoden. Die größte Herausforderung scheint dabei zu sein, den Überblick nicht zu verlieren. Denn es gibt mittlerweile eine Fülle von ökologisch und sozial orientierten Einzelindikatoren. Hier können Leitindikatoren helfen, die richtungssichere Informationen über zukunftsfähige Ressourcennutzung liefern, ähnlich wie man das vom BIP und von Treibhausgasemissionen kennt. Wenn die Klimafußabdrücke mit den Ressourcenfußabdrücken zu Rohstoffen, Wasser- und Landnutzung als Grundlage für Monitoring und Zielansprache herangezogen würden, könnte das Klein-Klein überwunden werden. Diskussionen über geeignete Indikatoren verheddern sich häufig, weil die übergeordneten Ziele nicht klar sind und weil vielfach nicht klar ist, dass man auf unterschiedlichen Handlungsebenen jeweils Übersichts- *und* Detailindikatoren braucht.

Um feststellen zu können, ob die verschiedenen Wirtschaftsinitiativen und Unternehmensaktivitäten in eine global sichere und faire Zukunft steuern, werden Ziele auch auf nationaler Ebene gebraucht. Dazu können die globalen Budgetwerte top-down zugerechnet werden. Beispielsweise lassen sich die globalen Pro-Kopf-Budgetwerte für das Jahr 2050 direkt auf ein Land beziehen, indem sie mit der Einwohnerzahl multipliziert werden.

Wichtig für international verbindliche Ziele sind legitimierte Institutionen. Die Vereinten Nationen (VN) sind durch ihre umfassende Mitgliedschaft legitimiert. Im Rahmen ihrer Möglichkeiten waren sie Schrittmacher des globalen Umweltschutzes und einer weltweiten Nachhaltigkeitspolitik. Ihre erste große Umweltkonferenz fand 1972 in Stockholm statt (Abb. 5.1). Das Umweltprogramm der Vereinten Nationen[6] wurde damals aus der Taufe gehoben. Wichtige Marksteine waren dann der Erdgipfel von Rio de Janeiro 1992 mit der Formulierung der

---

[4] World Economic Forum et al.: The next frontier – natural resource targets. http://www3.weforum.org/docs/WEF_The_Next_Frontier_Natural_Resource_Targets_Report.pdf [Zugang 10. April 2022].
[5] Value Balancing Alliance: https://www.value-balancing.com/ [Zugang 10. April 2022].
[6] United Nations Environmental Programme, heute UN Environment.

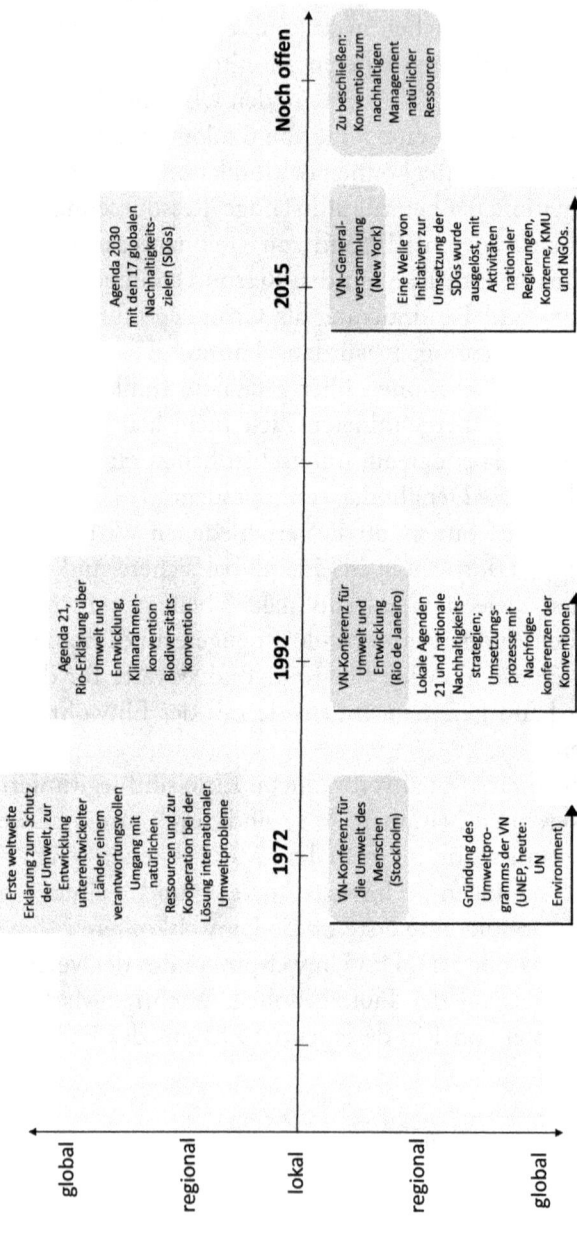

Abb. 5.1 Meilensteine der Nachhaltigkeitspolitik, von der globalen bis zur lokalen Wirkung

Agenda 21 und dem Start der Klimarahmenkonvention[7] und der Konvention zur Biodiversität[8]. Mit der Verabschiedung der Agenda 2030 und den SDGs am 25.09.2015 wurde ein weiterer wichtiger Meilenstein humanitärer und verantwortlicher Entwicklung der Menschheit auf der Erde erreicht. In gleicher Weise könnte eine Konvention für nachhaltige Ressourcennutzung eine wichtige Grundlage für die Verfolgung einer sicheren und fairen Ressourcennutzung auf internationaler Ebene sein und als Referenz für Nationalstaaten und Unternehmen dienen.

Nun könnte man meinen, dass zusätzliche Institutionen nur den behördlichen Amtsschimmel weiter ausbreiten und die Menschen zunehmend reglementieren und so in ihrer Freiheit einschränken. In der Tat muss man bei jeder Institution aufpassen, dass sie nicht zum Selbstzweck mutiert, ihre Prozesse im Laufe der Zeit verkrusten und sie selbst dann weitergeführt wird, wenn ihr Zweck längst erreicht ist. Aber im Falle der sicheren und fairen Ressourcennutzung geht es ja um die Absicherung der Lebensgrundlagen auf dem Planeten insgesamt – und letztlich auch um größere Unabhängigkeit, also mehr Freiheit, von einschränkenden Faktoren.

Wenn wir in die Geschichte schauen, so haben zunächst technologische Innovationen das Leben erleichtert und das Überleben gesichert. Technologien haben geholfen, den Menschen von einschränkenden Faktoren unabhängig zu machen. Von der Erfindung des Webstuhls in den ersten sesshaften Kulturen, über die Erfindung des Rads, die Entwicklung der Dampfmaschine bis hin zu Computer, Handy und Internet. Der Handlungsraum des Menschen hat sich damit deutlich erweitert, die Einschränkung von begrenzenden Faktoren wurde überwunden.[9]

Die technologische Entwicklung hatte freilich auch weniger erwünschte Nebenwirkungen. Ihre schädlichen Auswirkungen auf die Umwelt wurden wiederum durch die Einrichtung von Regeln, Kontroll- und Schutzmaßnahmen – durch „Institutionen" im weiteren Sinne – be-

---

[7] United Nations Framework Convention on Climate Change. https://unfccc.int/ [Zugang 9. Nov. 2021].
[8] United Nations Convention on Biological Diversity. https://www.cbd.int/ [Zugang 9. Nov. 2021].
[9] Bringezu, S. (2015): On the mechanism and effects of innovation: Search for safety and independence of resource constraints expands the safe operating range. Ecological Economics 116, 387–400.

grenzt. Um aussichtsreiche Wege in die Zukunft zu erkennen, ist es hilfreich, das Zusammenspiel zwischen Technologien und Institutionen zu kennen. Denn beide vermitteln ganz entscheidend zwischen dem Menschen und der natürlichen Umwelt.

Betrachten wir beispielsweise die Institutionen, die Umweltschutz in Deutschland (und später übernommen in anderen Ländern) wesentlich vorangebracht haben. Wir haben bereits einige Meilensteine der Umweltpolitik kennengelernt, von der Einführung der Schwemmkanalisation in den großen Städten im 19. Jahrhundert bis zum deutschen Ressourceneffizienzprogramm am Beginn dieses Jahrtausends. Dabei wurden zunächst die naheliegendsten Probleme angegangen, man hat die Umwelt in immer größer werdendem Umfeld sauberer und sicherer gemacht. Von vor der Haustür bis in die weite Welt wurde Verantwortung übernommen. Dafür wurden Institutionen und Regelungswerke geschaffen, die den Menschen eine größere Unabhängigkeit von den sie einschränkenden Faktoren brachten. Die Lebens- und Arbeitsbedingungen wurden konkret verbessert. Diese Institutionen waren erfolgreich. Sie erreichten ihren Zweck und wurden in anderen Ländern übernommen. Damit nicht genug. Sie gaben Anstoß zu weiteren technologischen und institutionellen Innovationen.

Nachdem Industrieführer zunächst über höhere Kosten durch verbesserte Abgasreinigung gestöhnt hatten, merkten sie bald, dass die neueste Technologie ihnen einen Wettbewerbsvorsprung sicherte. Deutsche Produkte, Maschinen und Anlagen, wurden im Ausland nicht nur wegen ihrer technischen Qualität geschätzt, sondern auch, weil sie dort ebenfalls halfen, die Umweltsituation zu verbessern. Effizientere Autos, die weniger Sprit verbrauchten, trafen auch auf zufriedenere Kunden. Die großen Automobilkonzerne haben bereits vor einiger Zeit begonnen, neue Geschäftsmodelle zu testen, nicht mehr nur Autos zu verkaufen, sondern Mobilität. Die Orientierung an dem, was die Menschen eigentlich benötigen, bestimmt immer mehr das Blickfeld.

Auch wurden reine Umweltschutzvorgaben zunehmend verbunden mit anderen gesellschaftlichen Anforderungen wie der Einkommenssicherung durch ressourceneffiziente Wertschöpfung (ProgRess) und der sozialen Sicherung durch die Verbreiterung der Finanzierung der Renten. Dass die Beiträge zur Rentenversicherung nicht höher ausfallen, liegt an der jährlichen Zuweisung aus dem Aufkommen der Energiesteuer. Mit der Ökologischen Steuerreform von 1999 wurden Benzin, Diesel, Heizöl und Strom in moderaten Stufen höher besteuert. Die Einnahmen wurden und werden größtenteils zur Minderung der Beitragszahlungen in die Rentenkasse überwiesen. Netto nimmt der Staat darüber nichts ein. Die Idee einer solchen ökologischen Besteuerung hatte der Schweizer Ökonom Christoph Binswanger bereits in den 1980er-Jahren formuliert. Er beklagte, dass die meisten Steuern den Faktor Arbeit verteuern und nicht die (Über-)Nutzung und Belastung der Umwelt. Sein geschickter Schachzug bestand darin, energieeffizientes Verhalten steuerlich zu belohnen und zugleich die Finanzierung der Sozialsysteme zu sichern. Das Prinzip lässt sich auch auf ressourceneffiziente Aktivitäten anwenden.

Mit den SDGs wurden weltweite Anforderungen formuliert, die helfen sollen, die sozialen, ökonomischen *und* ökologischen Einschränkungen der Länder zu überwinden, und schrittweise zu mehr Sicherheit und auch mehr Entwicklungsmöglichkeiten führen sollen. In Ansätzen enthalten die SDGs auch schon Indikatoren, die für Ziele in Richtung einer sicheren und fairen Ressourcennutzung eingesetzt werden können. So wird der Materialfußabdruck pro Person und pro BIP zur Messung von Fortschritten sowohl für den Bereich Auskömmliche Arbeit und Wirtschaftswachstum (SDG Nr. 8) als auch für den Bereich Verantwortliches Konsumieren und Produzieren (SDG Nr. 12) benannt. Beim Wassermanagement (SDG Nr. 6) soll u. a. auf das Verhältnis von Wasserentnahmen zur Wasserverfügbarkeit geachtet werden. Immerhin. Aber ein Brückenschlag zum Konsum von Produkten, deren Rohstoffe in wasserarmen Gebieten angebaut wurden, erfolgt nicht. Bei der Landnutzung (SDG Nr. 14) möchte man die Biodiversität hauptsächlich durch die Erhaltung von Wäldern und durch Schutzgebiete bewahren. Aber die treibenden Kräfte hinter der Landtransformation, die Nachfrage nach agrarischen Gütern und ihr Flächenfußabdruck werden noch nicht angesprochen. Selbst der Klimafußabdruck wird nur indirekt behandelt. Verstärkte Maßnahmen zum Klimaschutz werden eingefordert (SDG Nr. 13), aber gezählt wird hauptsächlich die Anzahl der Länder mit entsprechenden Politiken. Die Messung von Klimagasemissionen wird den Fortschrittsberichten zur Klimarahmenkonvention überlassen. Die gibt es ja schon. Immerhin. Aber die weisen die Emissionen bezogen auf das

Territorium der Staaten aus. Die Berechnung des Klimafußabdrucks durch den Endverbrauch von Gütern wird einzelnen statistischen Ämtern überlassen.

Mit anderen Worten, es gibt aussichtsreiche Ansatzpunkte, aber auch noch erhebliche Fehlstellen beim Monitoring und Controlling von Fortschritten in Richtung einer weltweit sicheren und fairen Ressourcennutzung. Vor allem fehlen quantitative Zielwerte für eine langfristige Orientierung von Regierungs- und Nichtregierungsorganisationen und nicht zuletzt für Wirtschaftsakteure.

Ob eine internationale Konvention für nachhaltiges Ressourcenmanagement auf VN-Ebene oder als Memorandum eines „Clubs der Willigen und Einflussreichen" formuliert werden wird, erscheint weniger wichtig, als dass eine solche Institution überhaupt ins Leben gerufen wird. Auch ist es nicht entscheidend, welche Organisation das laufende Monitoring der globalen Ressourcennutzung übernimmt. Wichtig ist, dass dies überhaupt geschieht.

Künftig können sich Regierungen, Wirtschaftslenker und NGOs am Weltbudget fairer und sicherer Ressourcennutzung orientieren. Die globalen Ziele und ihre Indikatoren werden ihnen als Maßstab erfolgreichen Handelns dienen. So kann auch ein Wettbewerb entstehen, nicht nur ökonomisch erfolgreich, sondern auch sozial und ökologisch zukunftsfähig zu handeln.

Am Ende werden die Sicherheit menschlicher Gesellschaften verbessert und – auch wenn nicht alles erlaubt sein wird – mehr Möglichkeiten individueller Entwicklung gegeben sein.

5.2 Diskurse führen, lernen und Missverständnisse ausräumen

Wir lernen täglich dazu, nicht jede/r von uns, aber wir alle zusammen werden letztlich klüger. Unsere Perspektive erweitert sich. Die in diesem Büchlein vorgeschlagenen Ziele wurden abgeleitet von dem bislang verfügbaren Wissen – und dem Bewusstsein über dessen Unsicherheiten und Lücken – und werden künftig im Lichte neuer Erkenntnisse überprüft werden müssen. Gleichwohl sind erste Orientierungen auf dem Weg in einen sicheren Korridor immer noch besser als ein Blindekuhlauf ohne Ansage auf einem oftmals tödlichen Terrain. Wir werden künftig dazulernen, um unsere Orientierung weiter zu verbessern (Abb. 5.2).

Manch einem Marktliberalen, dessen Hoffnung darauf beruht, dass die „unsichtbare Hand" des Marktes letztlich alles richten wird, könnte die Orientierung an globalen Eckwerten des Ressourcenverbrauchs sauer aufstoßen. Doch jene Hand bedient sich seit alters her an natürlichen Ressourcen, Holz, Gewürzen, Meeresfrüchten, Sand, Kies, Edelsteinen und so weiter, ohne einen Preis für die zerstörte Natur zu zahlen, über deren Leichen diese Lieferungen bezogen werden. Bislang bleibt es vielfach bei Ankündigungen, dass die sogenannten externen Kosten eingepreist werden sollen. Doch ohne Bezugswerte, wie viel physisch an Entnahmen tolerabel wäre, lässt sich keine verfügbare Menge ermitteln, geschweige denn ein Preis.

Dem Wirtschaftsliberalen – es ist sicher ein Mann – sei gesagt, es geht nicht um Planwirtschaft, wie man sie in gescheiterten politischen Systemen versucht hat, sondern um eine planvolle Sicherung der Grundlagen

Abb. 5.2 Gesellschaftliches Lernen ist wichtig, um zukunftsfähige Ziele zu erkennen und zu erreichen (Bringezu, S. (2019): Toward Science-Based and Knowledge-Based Targets for Global Sustainable Resource Use. Resources 8, 140, 21 pp)

der Wirtschaft und das Einspannen der wirtschaftlichen Kräfte innerhalb eines global sicheren Handlungsrahmens. Seit Jahrzehnten besteht in Deutschland weitgehende Übereinkunft, dass nicht die freie Marktwirtschaft, sondern eine soziale Marktwirtschaft als Ideal gilt. Aktuell leben wir in Zeiten, in denen zunehmend klar wird, dass es letztlich um eine sozialökologische Marktwirtschaft geht. Dass die Wirtschaft von regulatorischen Begrenzungen von Schadstoffemissionen profitiert, haben wir gesehen. Dass die Verminderung von Klimagasemissionen wichtig ist, um die weltweiten Folgen des Klimawandels zu vermindern, ist mittlerweile Allgemeingut geworden. Warum sollten wir nicht den nächsten notwendigen Schritt tun.

Unternehmen, Verbände, Nichtregierungsorganisationen und Regierungen arbeiten daran, das Ziel von Paris zu erreichen, und sie definieren für ihre Handlungsbereiche praktikable Ziele. Die Erweiterung des Monitorings und des Controllings von den direkten Klimaemissionen hin zur Einbeziehung der jeweiligen Vorketten der Lieferanten macht Arbeit. In der Tat. Aber es ist eine unumgängliche Notwendigkeit, ohne die ein effektiver Klimaschutz ins Leere laufen würde. Auch in diese Richtung haben sich einige Pioniere bereits auf den Weg gemacht und der Tross setzt sich in Bewegung.

Wenn neben Handlungszielen zum Klimaschutz nun auch solche zur zukunftsfähigen Ressourcennutzung treten, dann ist das zunächst ganz ähnlich zu verstehen und in gleicher Weise mithilfe von Fußabdruckindikatoren samt Zielwerten praktikabel. Vor allem aber bietet es die Möglichkeit, mithilfe eines stoffstrombasierten Hebels verschiedene Umweltwirkungen zugleich in den Griff zu bekommen. Dabei geht es um Größenordnungen, nicht um Peanuts. Darum, die Kreativität von Menschen zu mobilisieren, um Wohlbefinden und Wohlstand zu generieren, ohne auf Kosten anderer Regionen oder künftiger Generationen zu wirtschaften.

Wenn über die Zukunft der Wirtschaft diskutiert wird, taucht immer wieder die Frage auf, ob ein Wachstum überhaupt nachhaltig durchgehalten werden kann. Bei diesen Diskussionen wird häufig nicht unterschieden zwischen der Geldwirtschaft und der Realwirtschaft. Die Geldwirtschaft spiegelt sämtliche Aktivitäten in ihren monetären Werten wider. Die Realwirtschaft bezieht sich auf die Rohstoffe, Halb- und

Fertigwaren, die produziert und verbraucht werden. Das Weltbudget der Ressourcen soll sicherstellen, dass die von der Realwirtschaft in Bewegung gesetzten Stoffströme, die Inanspruchnahme natürlicher Ressourcen und die Klimagasemissionen, bestimmte Schwellen global sicherer und fairer Umweltnutzung nicht überschreiten. Es geht also um jährliche Flüsse, die mit der physischen Basis der Wirtschaft verbunden sind. Die monetären Wertflüsse, die in Euro, Dollar oder Yuan bemessen werden, können weiter steigen, auch wenn sich die Stoffflüsse auf einem konstanten Niveau einpendeln. So könnten weiter in steigendem Maße Einkommen und Wertschöpfung erzielt werden. Die Preise für Produkte aus Primärrohstoffen würden sich relativ verteuern, aber da die Einkommen zunehmend auf Verarbeitung – auch von recycelten Materialien – und wissensbasierter Fertigung und vor allem Dienstleistungen beruhen, werden Unternehmen und Kunden dies letztlich kaum merken. Das Wachstum der monetären Flüsse kann daher wesentlich länger fortgeführt werden als das Wachstum der physischen Flüsse. Letztere gilt es zu begrenzen.

Das *physische Wachstum* der Wirtschaft hat freilich neben den jährlichen Flüssen an Rohstoffen, Produkten und Emissionen noch eine andere wichtige Komponente: den Umfang der Technosphäre, die absolute Menge an Materialien, die in Gebäuden, Infrastrukturen und sämtlichen Produkten, die in Gebrauch sind, enthalten sind. Wir haben dieses „anthropogene Lager" hier kennengelernt und erfahren, dass es bislang noch wächst, dass dieses physische Wachstum aber in absehbarer Zeit netto null werden wird. Es wird in eine Phase des Fließgleichgewichts zwischen Input und Output übergehen und dies wird den Prognosen zufolge in Deutschland zwischen 2040 und 2050 zu erwarten sein. In manchen Regionen der neuen Bundesländer ist es schon jetzt zu beobachten. In Metropolregionen wird der Bestand an Wohnungen und Gebäuden weiter zunehmen, während es in ländlichen Regionen eher zu einer Schrumpfung des Bestandes kommen wird.

Gebäude und Infrastrukturen sind auch Kapitalgüter. In ihnen sind Investitionen gebunden, die sich durch die Einnahmen aus ihrer Nutzung amortisieren sollen. Wenn der physische Bestand nicht mehr zulegt, so wird doch sein Geldwert weiter steigen können. Und dies umso mehr, je mehr die Qualität der Gebäude und Infrastrukturen verbessert wird, durch Solaranlagen, Wärmedämmung, Digitalisierung usw. Mit anderen

Worten, auch wenn das physische Wachstum netto null geworden sein und der Realbestand nicht mehr zulegen wird, kann der Kapitalbestand weiterwachsen. Dieses ökonomische Wachstum wird ebenso wie die jährlichen Geldflüsse wesentlich durch die Geldmenge bestimmt, die von der Europäischen Zentralbank gesteuert wird. Da diese eine gewisse Inflationsrate für notwendig hält, wird allein aus diesem Grund die Geldmenge weiter steigen und die Preise der Produkte werden teurer werden, auch wenn sie sich materiell in ihrem Umfang nicht verändern.

Wenn physisches und ökonomisches Wachstum der Wirtschaft auseinandergehalten werden und wenn die jährlichen Flüsse von Materialien und Geld von den Beständen von Gütern und Kapital unterschieden werden, lässt sich die Debatte über künftiges Wachstum differenziert und entspannt führen. Es wird klar, dass das physische Wachstum in einer real begrenzten Welt in eine Reife- und Gleichgewichtsphase übergehen muss, während der monetär zugemessene Wert der Produktströme und der Kapitalbestände weiterwachsen kann. Auf die lange Sicht wird es spannend sein zu beobachten, wie sich das ökonomische Wachstum weiterentwickelt. Denn interessanterweise hat die Wachstumsrate des Weltinlandsprodukts trotz heftiger Schwankungen seit den 1960er-Jahren im Schnitt immer weiter abgenommen.[10] Es könnte sein, dass aus rein ökonomischen Gründen auch die Geldwirtschaft in Richtung eines Gleichgewichts von Wertschaffung und -zerstörung steuert. Aber das ist ein anderes Thema. Sollte es ein solches Gleichgewicht geben, dann dürfte es deutlich später erreicht werden als das physische Gleichgewicht des Bestandes.

Wir haben schon bemerkt, dass die meisten Investitionen der Bauwirtschaft in Deutschland bereits seit Jahren überwiegend in den Bestandserhalt und die Modernisierung fließen. Der Neubau von Gebäuden und Straßen spielt bereits eine untergeordnete Rolle. Dabei werden doch enorme Mengen umgesetzt. Bereits 2007 flossen circa 100 Millionen Tonnen in den Bestandserhalt des deutschen Straßennetzes, während 20 Millionen Tonnen in den Neubau (einschließlich Verbreiterung von Straßen) gesteckt wurden. Dabei wuchs der Bestand netto um mehr als 70

---

[10] World Bank: GDP growth annual (%): https://data.worldbank.org/indicator/NY.GDP.MKTP.KD.ZG [Zugang 10. April 2022].

5 Was zu tun ist 113

Millionen Tonnen auf 7,2 Milliarden Tonnen.[11] Es wird klar: Je größer der Bestand, desto mehr Aufwendungen werden nötig für den Bestandserhalt. Das betrifft den Aufwand an natürlichen wie finanziellen Ressourcen. Auch aus diesem Grund macht es Sinn, sich über die sinnvolle Größe des Bestands Gedanken zu machen. Das betrifft die alleinstehende Dame, deren Wohnung für sie alleine längst zu groß geworden ist, ebenso wie Abteilungen in Finanzministerien, die über die Ausgaben für Straßenunterhalt entscheiden. Jene Dame wäre vermutlich dankbar, wenn ein neues Start-up von Planerinnen sie bei der Umgestaltung ihrer Wohnung oder des ganzen Hauses unterstützen könnte. Neue Geschäftsmodelle schlummern in diesem Bereich. Und der Bundesrechnungshof könnte mal überlegen, wie sich der Bestand der bundeseigenen Straßen künftig ressourceneffizient entwickeln kann.

Es gibt also einiges, was wir in einem Land wie Deutschland selbst in die Hand nehmen können, um zu einer global sicheren und fairen Ressourcennutzung beizutragen. Wir haben gesehen, dass die Art und Weise, wie wir produzieren, wie viele Rohstoffe wir für die Produkte aufwenden, die wir letztlich ge- und verbrauchen, dass diese „Produktions- und Konsummuster" letztlich unsere ökologischen Fußabdrücke in der Welt bestimmen. Der Ukrainekrieg hat dramatisch vor Augen geführt, dass die Abhängigkeiten von Energie- und Rohstofflieferungen mit erheblichen Risiken verbunden sein können. Es dringt verstärkt ins öffentliche Bewusstsein, dass jede eingesparte Kilowattstunde, jede vermiedene Tonne Rohstoff diese Abhängigkeiten verringern und die Sicherheit unserer Versorgung erhöhen. Wir wissen nun, welche Orientierungsmarken uns die Richtung angeben, wie wir unser Produktions- und Konsumsystem zukunftsfähig gestalten können. Wenn wir uns an diesen Leuchtbojen orientieren, wird unser Kreuzfahrtschiff in sichere Gewässer steuern.

Wenn wir unseren Material- und Landfußabdruck vermindern, so entlasten wir damit den Druck auf die Transformation in anderen Weltregionen. Die Minen werden nicht so schnell ausgeweitet werden, die

---

[11] Steger, S. et al. (2011): Materialbestand und Materialflüsse in Infrastrukturen. Meilensteinbericht des Arbeitspakets 2.3 des Projekts „Materialeffizienz und Ressourcenschonung" (MaRess). Wuppertal Institut.

Ackerfläche sich nicht weiter in Savannen und Wälder fressen, um unseren Konsum zu bedienen. Nur wollen jene, die bislang ihr Geschäft mit dem Export von Erzen und Cash Crops machen, darauf verzichten? In großen Flächenländern wie Brasilien und den USA gibt es immer noch weite natürliche Landschaften und es ist verständlich, dass dort der Eindruck von immer noch unbegrenzter Fülle vorherrscht. Zudem möchte man sich von anderen Ländern nicht bevormunden lassen, möchte souverän über die eigenen Ressourcen entscheiden. Die eigenen Ressourcen. Damit sind wir beim Thema des Eigentums. Wem gehören eigentlich die Ressourcen der Welt? In den Ländern, in denen Grundbücher existieren, sind die Eigentümer von Grundstücken diejenigen, die über das Wohl und Wehe der jeweiligen Fläche bestimmen. Ab einer bestimmten Tiefe gehören die mineralischen Ressourcen häufig dem jeweiligen Staat bzw. muss dieser Abgrabungslizenzen erteilen. Wenn wir aber über Produktions- und Konsumketten Einfluss auf die Gestaltung der Erde in verschiedenen Regionen nehmen, bestimmt dies bislang in erster Linie der Markt. Und die Marktteilnehmer legitimieren ihr Handeln letztlich mit Eigentumsrechten. Rechte, die in den jeweiligen Ländern verbrieft sind.

Eigentum verpflichtet. Wozu eigentlich? Sein Gebrauch soll zugleich dem Wohle der Allgemeinheit dienen. So steht es im deutschen Grundgesetz.[12] Immerhin. Wenn wir mit der „Allgemeinheit" nicht nur jene mit einem deutschen Pass verstehen, dann heißt das doch letztlich, dass wir mit den Produkten, die uns gehören, und das beginnt beim Kauf, Verantwortung dafür tragen, dass dadurch andere Menschen zumindest keinen Schaden erleiden. Eigentlich sollte ihr Wohlsein sogar gesteigert werden. Umgegrabene Landschaften, grüne Wüsten, verschmutztes Grundwasser, abgeholzte Wälder und verarmte Böden gehören nicht dazu.

Die Verbindung zwischen dem Steak, das uns aus der Kühltheke verlockend anschaut, oder dem neuesten Handy in der Auslage des Computershops, mit unserem Wohlbefinden leuchtet uns sofort ein. Die Verbindung mit dem Wohlsein anderer, deren Umwelt durch unseren Kauf verändert wird, wird klarer, wenn wir die Produktionsketten zurückverfolgen bis zum Kraftfutter, mit dem das Rind gefüttert wurde und dessen Anbau in Südamerika zum Umpflügen der Savanne geführt hat,

---

[12] Art. 14 GG Abs. 2.

oder bis zur Gewinnung des Lithiums für den Akku des Handys, bei dessen Aufbereitung in den Anden knappes sauberes Wasser verschmutzt wurde. Es sind die Materialflüsse, die wir mit unserem Eigentum in Bewegung setzen und für deren Auswirkungen wir letztlich mitverantwortlich sind.

Bei Wasserflüssen ist es in Deutschland seit Langem etabliert, dass der Eigentümer eines Grundstücks eine Genehmigung braucht, wenn eine Quelle, ein Wasserlauf oder ein Teich gefasst, umgeleitet, eingerichtet oder irgendwie verändert wird. Denn es muss gewährleistet werden, dass die Unter- und Oberlieger dadurch nicht beeinträchtigt werden. Die Verantwortung des Eigentums erstreckt sich hier bereits auf die vor- und nachgelagerten Wasserflüsse. Auch bei großen grenzübergreifenden Flüssen hat man Übereinkünfte zwischen den Anrainerstaaten getroffen, um Risiken durch Verschmutzung oder Verknappung zu minimieren. Entlang des Rheins wurde nach einem Chemieunfall bei Basel eine internationale Kommission zum Schutz des Rheins gegründet.[13] Ein Informationssystem von der Schweiz bis in die Niederlande wurde eingerichtet, bei dem solche Vorfälle insbesondere an die Wasserwerke im Unterlauf gemeldet werden, die ihr Wasser aus dem Fluss beziehen, damit diese ggf. ihre Pumpen abschalten, auch ein Hochwasserwarnsystem wurde etabliert.

Wenn es bei Wasserflüssen sogar schon rechtlich geregelt und organisiert ist, warum sollte nachhaltiges Management bei Materialflüssen nicht auch möglich sein? Die technischen Möglichkeiten zur Verfolgung der Produktionsketten sind gegeben. Die Leitindikatoren der Klima- und Ressourcenfußabdrücke können auf breiter Ebene verwendet werden. Mithilfe des Weltbudgets können die spezifischen Anteile von Firmen und Produkten einerseits und privaten und staatlichen Haushalten andererseits bestimmt und auf ihre Zukunftsfähigkeit bewertet werden.

Da wäre noch ein Stichwort, das häufig Anlass zu Missverständnissen ist: Suffizienz. Es kommt vom lateinischen „sufficere" und bedeutet „ausreichen" oder „genügen" und genau das ist im Kern damit gemeint. Es geht um die Frage, was wir eigentlich zu einem guten und erfüllten Leben brauchen. Werden wir nur glücklich durch den Konsum von immer

---

[13] Internationale Kommission zum Schutz des Rheins: https://www.iksr.org/de/ [10. April 2022].

mehr Produkten, jeweils den neuesten Auflagen und den schicksten Aufmachungen oder reicht für echtes Wohlbefinden auch weniger? Die Frage ist individuell nicht so einfach zu beantworten.[14] Denn die Menschen haben je nach Typ verschiedene Vorlieben. Vereinfacht ausgedrückt gibt es die Habentypen, die tatsächlich ihre Zufriedenheit davon abhängig machen, dass sie immer die neuesten Gadgets bekommen müssen; sobald sie diese dann gekauft haben, werden sie nach paar Tagen schon wieder zappelig, denn dann sind die Gadgets ja schon wieder lange in Gebrauch und der Reiz des Neuen ist verflogen. Den Seintypen ist es dagegen wurscht, ob sie viel oder wenig Produkte ihr Eigen nennen, wobei sie eher aus praktischen Gründen im Alltag auf weniger setzen, denn damit ist ein geringerer Aufwand verbunden; ihnen kommt es darauf an, das Leben so oder so zu genießen und aus den Funktionen, die ihnen die Gegenstände bieten, das Optimale für sich rauszuholen. Für die Habentypen sind Besitz und Eigentum wichtig, auch um ihren Status zu zeigen. Für die Seintypen ist es die freudige Gelassenheit, die sie sich selbst und anderen gegenüber zeigen können. Ob man oder frau zum einen oder anderen Typ gehört ist vielfach eine Frage der Prägung durch die Eltern und sozialen Milieus. Wer in einem Milieu erzogen wurde, in dem Erfolg durch den Besitz von Statusprodukten zur Schau getragen und Anerkennung nur durch den Kampf darum erworben wird, der wird sich schwertun, davon loszukommen. Wer seine Persönlichkeit schon in frühen Jahren festigen konnte, nicht zuletzt durch bedingungslose Anerkennung durch die Eltern, kann sich von Äußerlichkeiten unabhängig machen.

Statussymbole und Präferenzen ändern sich. Die Automobilbranche war vor einigen Jahren durch Umfrageergebnisse aufgeschreckt.[15] Während es vor 50 Jahren für die meisten Heranwachsenden in Ländern wie Deutschland feststand, dass sie mit 18 Jahren den Führerschein machen

---

[14] Zur Soziologie und Psychologie des Konsums ist viel publiziert worden; wer sich für dieses weite Feld interessiert, möge sich mit entsprechenden Stichworten über die Suchmaschinen weiter schlau machen; als renommierte Kollegen, die dazu geforscht haben, seien Gerhard Scherhorn und Andreas Ernst genannt.

[15] Fuhrpark und Management: Wie sich das Mobilitätsverhalten in den kommenden Jahren verändern wird und die Auswirkungen auf Fuhrparks. https://www.fuhrpark.de/wie-sich-das-mobilitaetsverhalten-in-den-kommenden-jahren-veraendern-wird-und-die-auswirkungen-auf [Zugang 10. April 2022].

und sich später ein Auto zulegen würden, war es aktuell nur noch ein Viertel der Befragten und über die Hälfte der 18- bis 25-Jährigen würden Carsharing bevorzugen. Die Branche hatte einen deutlichen Fingerzeig erhalten, dass ihr bewährtes Geschäftsmodell, das Verkaufen von Autos, nun mit einem Verfallsdatum vom Band lief. In einem Land, in dem kein Mangel an Autos, Fahrrädern, Mopeds, Zügen und Flugzeugen herrscht und man sich Mobilität mit dem Handy nahezu an jedem Ort mieten kann, in so einem Land brauchen die Menschen kein eigenes Auto. Das zudem in die Werkstatt muss, für das man immer wieder einen Parkplatz suchen muss usw.

In der Tat werden Sharing und Mieten immer mehr unserer Bedürfnisse abdecken. Dann kümmern sich die Anbieter um die Wartung und Instandhaltung der Geräte und sie haben dann ein deutlich größeres Interesse daran, dass diese möglichst lange halten.

Auch wird es in verschiedenen Milieus langsam schick, mit möglichst wenig Hardware durchs Leben zu gehen. Und es macht im Hinblick auf die „Happiness" und das Wohlsein der Nation Hoffnung, wenn sich immer mehr Menschen immer häufiger die Frage stellen, was wir im Leben zum Glücklichsein wirklich brauchen. „Was wir nicht brauchen, macht uns frei", könnte die Losung des laufenden Jahrhunderts werden. Dann würde ein Verzicht auf den Besitz verschiedener Dinge nicht mehr als Verlust und Einschränkung, sondern als größere Unabhängigkeit empfunden.

Dennoch sollte man nicht dem Missverständnis auf den Leim gehen, die Rettung der Welt nur der individuellen Glückssuche zu überlassen. Zu verschieden sind die individuellen Ansprüche. So schnell werden die Habentypen nicht verschwinden. Zu erwarten, dass sich die Klima- und Ressourcenfußabdrücke über die Entwicklung einer eher seinsorientierten Lebensweise quasi automatisch nachhaltig einpendeln würden, wäre weltfremd.

Suffizienz kann freilich auch anders verstanden werden. Als ein gesellschaftliches Einvernehmen, dass Güterkonsum insgesamt nicht dazu führen sollte, dass Ressourcenverbräuche kritische Schwellen überschreiten. Diese kritischen Schwellen müssen wissenschaftlich eingegrenzt und politisch beschlossen werden, genauso wie die Klimaziele von Paris. Wenn der deutsche Bundestag beschlossen hat, dass das Land klimaneutral werden soll, dann heißt das, dass ein Klimafußabdruck von netto null als *genug* angesehen wird. In gleicher Weise könnte er beschließen, dass ein Rohstoffverbrauch von fünf Tonnen jährlich pro Person genug sein soll. Es liegt an den Regierungen insbesondere der reichen Länder, den Konsum von ressourcenintensiven Produkten unattraktiv zu gestalten (wie den von klimabelastenden Produkten), um die Präferenzen der Marktteilnehmer zu steuern und gleichwohl diesen ihre Entscheidungsfreiheit in der Wahl verschiedener Produkte zu überlassen.

Wenn es nicht zeitnah gelingt, den globalen Ressourcenverbrauch und den Klimafußabdruck von Produktion und Konsum auf ein zukunftsfähiges Niveau zu bringen, werden die Chancen auf individuelles Glück und Wohlsein für immer mehr Menschen weiter schwinden. Die Leuchtbojen sind gesetzt. Wir haben das Ruder in der Hand.

GPSR Compliance
The European Union's (EU) General Product Safety Regulation (GPSR) is a set of rules that requires consumer products to be safe and our obligations to ensure this.

If you have any concerns about our products, you can contact us on

ProductSafety@springernature.com

In case Publisher is established outside the EU, the EU authorized representative is:

Springer Nature Customer Service Center GmbH
Europaplatz 3
69115 Heidelberg, Germany

www.ingramcontent.com/pod-product-compliance
Lightning Source LLC
LaVergne TN
LVHW020348260326
834688LV00045B/1606